"预制装配式混凝土结构建筑产业化关键技术"（2016YFC0701900）资助
"高层装配式混凝土建筑底部加强区的预制设计研究与应用"（CSCEC-2017-Z-15）资助

U0722608

装配式建筑施工技术指南

叶浩文 主 编

中国建筑工业出版社

图书在版编目（CIP）数据

装配式建筑施工技术指南/叶浩文主编. —北京：
中国建筑工业出版社，2020.6
ISBN 978-7-112-25066-0

Ⅰ.①装… Ⅱ.①叶… Ⅲ.①装配式构件-建筑施工
-指南 Ⅳ.①TU3-62

中国版本图书馆 CIP 数据核字（2020）第 072688 号

责任编辑：万 李 范业庶
责任校对：张 颖

装配式建筑施工技术指南
叶浩文 主 编

*

中国建筑工业出版社出版、发行（北京海淀三里河路 9 号）
各地新华书店、建筑书店经销
霸州市顺浩图文科技发展有限公司制版
北京建筑工业印刷厂印刷

*

开本：787 毫米×1092 毫米 1/16 印张：10½ 字数：222 千字
2020 年 12 月第一版 2020 年 12 月第一次印刷
定价：**49.00** 元
ISBN 978-7-112-25066-0
（35869）

本书编写组

主　　编：叶浩文
执行主编：李　栋
编　　著：刘治国　袁银书　庄镇利　李　峰　张庆煜
　　　　　台登红　周　冲　李张苗　方　鹏　任富海
　　　　　刘　洋　李　木　李黎明　张　衡　宫　铭
　　　　　葛戴荣　杜　飞　金春光　潘　煜　王春鹏
　　　　　赵长祜　周　鹏　李　俊

前　言

近年来，在国家大力推广装配式建筑的大背景下，专家及从业人员对装配式建筑的本质、内涵和发展途径的研究不断深入。《装配式建筑设计指南》《预制混凝土构件生产技术指南》系统阐释了中建科技研究的装配式框架、双面叠合剪力墙、干式装配预应力混凝土框架等系列结构体系的设计和生产的思路，本书则聚焦于上述体系在施工现场的装配实施。

E（M）PC模式是与装配式建筑契合度最高，实施效果最好的工程承包模式。本书管理部分章节主要依托E（M）PC模式下的施工组织和目标控制加以阐述；施工技术章节主要从施工准备、模板及架体选择、施工测量控制、结构装配、机电及装饰装配施工等方面，分别对十种体系中的共性内容和特殊内容加以区分，以方便阅读，避免重复和歧义。

本书旨在为装配式建筑的施工提供必要的指导，也可作为相关人员了解装配式建筑施工的参考资料。由于编制时间仓促，难免挂一漏万，恳请各位行家和读者不吝赐教。

目 录

第1章

装配式建筑 EPC 总承包管理

1.1 装配式建筑 EPC 工程总承包管理模式的优势

EPC 工程总承包管理有利于实现工程建造组织化、系统化、精益化，有利于品质提升、实现技术集成和创新。基于装配式建筑项目"设计标准化、生产工厂化、施工装配化、主体机电装修一体化、全过程管理信息化"的特征，唯有推行工程总承包管理模式，才能更好地实现装配式建筑的一体化建造，全面发挥装配式建筑的建造优势。

EPC 工程总承包模式有利于实现工程建造组织化。EPC 工程总承包管理模式是推进装配式建筑一体化、全过程、系统性管理的重要途径和手段，可以整合产业链上下游的分工，解决工程建设切块分割、碎片化管理问题，将工程建设的全过程联结为一体化的完整产业链，促进生产关系与生产力的相适应，技术体系与管理模式相适应，以实现资源的优化配置。如图 1-1 所示，在 EPC 工程总承包模式下，总承包单位全面统筹采购、制造、装配，实现统一策划、统一组织、统一指挥、统一协调，局部服从全局、阶段服从全过程、子系统服从大系统的设计、采购、制造、装配等各方面的高度融合，实现工程建设的高度组织化。

图 1-1　传统模式和 EPC 总承包模式组织示意图

1

EPC 工程总承包模式有利于实现工程建造系统化。装配式建筑是由建筑、结构、机电、装修四个子系统组成的，四个子系统相对独立又各自协同，且从属于大的建筑系统，整个大系统是装配式，各自子系统同样为装配式。在 EPC 工程总承包模式下全面统筹设计、制造、装配的系统性、完整性，从而实现"设计、制造、装配的一体化"，如图 1-2 所示。

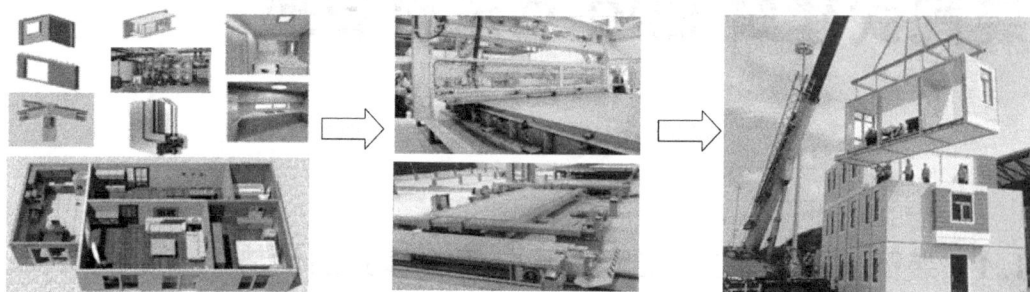

图 1-2 "设计、制造、装配的一体化"示意图

EPC 工程总承包模式有利于实现装配式建筑精益建造。工程总包方对工程质量、安全、进度、效益、负总责，在管理机制上保障了质量、安全管理体系的完整性和全覆盖，有效落实了各方主体质量安全责任。EPC 工程总承包模式的组织化、系统化的管理特征，便于从系统性装配的角度制定设计方案、制造方案、装配方案，实现设计-制造-装配的协同推进，保障设计产品利于工厂化制作、机械化装配，能有效促进项目高品质精益建造，综合效益更佳，使装配式建筑的工业化优势得以充分体现，如图 1-3 所示。

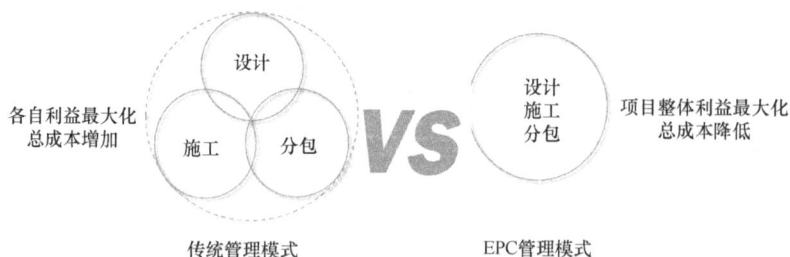

图 1-3 传统模式和 EPC 总承包模式成本示意图

装配建筑实施 EPC 总承包管理有利于实现设计、制造、装配、运维的信息交互和共享，促进设计信息、生产信息与项目装配信息化管理系统融合，通过信息化手段实现工期、商务成本、质量、安全的全过程信息化管理，如图 1-4 所示。

图 1-4　信息化管理示意图

1.2　EPC 项目的组织管理

EPC 总承包项目组织的核心是将设计、采购、施工有机融合，以成本为核心全面推进项目目标管理。中建科技所采用的典型 EPC 组织架构如图 1-5 所示。

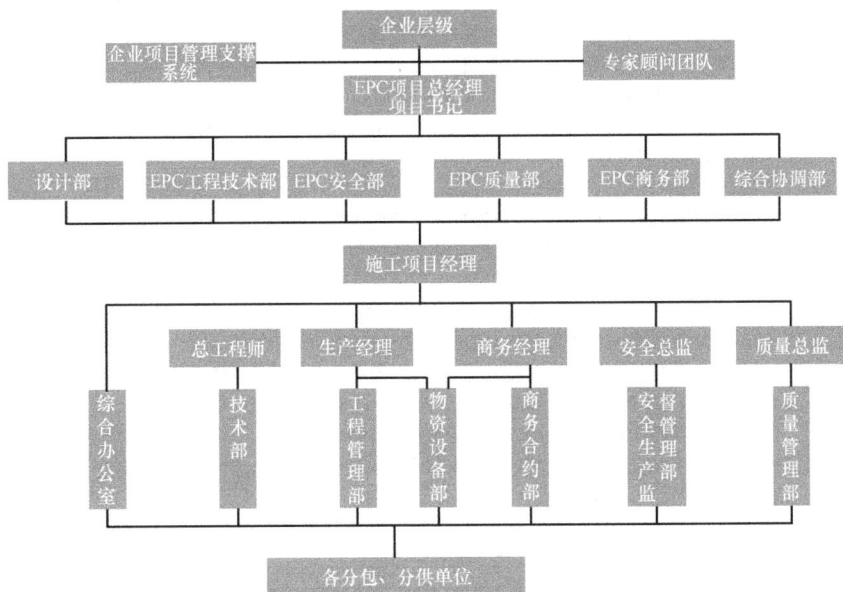

图 1-5　典型 EPC 项目组织机构图

实行项目经理负责制。EPC 项目经理是项目的总负责人，经法定代表人授权后代表公司执行合同，对项目的设计、质量、安全、进度、费用等全面负责。EPC 项目经理须由具备注册建造师、建筑师、结构师、监理工程师等资质的人员担任，并具备良好的素质和工作能力；项目设支部书记，大型项目设专职副书记，根据要求组织开展党群活动。

对于装配式建筑，部品件的标准化、模数化、少规格、少变更是工业化流水线生产的基本要求。在EPC模式下，总承包单位按照项目系统管理的理论进行设计组织和协调，由设计部考核设计团队的出图质量和出图进度，组织设计优化和深化，确定最终实施的技术路线和细部做法。

区别于施工层面的工程、技术、安全、质量等部门，EPC层面的各部门主要负责协调和对接外部各单位，并检查、监督施工项目部的工作。对于EPC项目部下设有多个施工项目部的大型、超大型项目，需要EPC团队协调、考核施工项目部。EPC项目部层面的基本职责参照表1-1。

EPC项目部层面的基本职责　　　　　　　　　　表1-1

序号	岗位名称	主要管理职责(EPC项目部层面)
1	EPC项目总经理	(1)代表企业法人在授权范围内实施项目管理，贯彻执行国家法律、行政法规、政策和标准，执行公司的各项管理制度，维护公司整体利益，维护员工的合法权益； (2)负责该工程项目的设计、采购、施工组织、调试、协调与服务，对合同履约和项目管理目标负责； (3)负责组建项目部和制订项目的各项管理制度； (4)负责组织项目策划和编制项目实施计划； (5)负责项目的计划与分工，并对计划分工的准确性负责； (6)对项目执行过程中的设计变更、工程签证、预算执行、工程中间验收、调试及性能验收、工程款结算和回收、竣工资料的整理以及质保金的回收等负责； (7)负责对项目部成员业绩考核与评价、聘任与辞退、薪酬分配与处罚，并对员工的使用负管理责任，对薪酬分配的合理性负责； (8)负责办理项目开工所需的相关手续，负责项目各方关系维护； (9)自觉接受公司对项目部的过程监管，对违反公司项目管理规定和流程的行为进行整改直至满足公司管理要求
2	设计部	**设计管理：** (1)审核设计管理程序，考核设计团队出图进度和质量； (2)组织设计优化和深化，确定最终实施的技术路线和细部做法； (3)配合报批报建工作开展； (4)协助项目总负责人解决工程中的技术重点、难点问题； (5)协调或参与处理发包人与设计间的设计问题纠纷； (6)主持项目论证和相关技术专业会议，审查工程建设各阶段的总平面设计、环境设计、建筑设计等施工图纸，确保科学合理； (7)提供基于设计变更的BIM模型更新，辅助现场交底； (8)负责协助商务部处理与图纸相关的费用问题。 **设计团队：** (1)根据国家有关建筑工程设计法律法规、设计规范标准、招标文件内容及现场实地勘察结果组织进行工程方案设计及方案效果图设计； (2)开展工程方案设计过程中与项目商务合约部、工程管理部等相关专业部门紧密结合，方案设计在考虑设计效果的同时，要对甲方要求、工程进度、投资情况进行通盘考虑，确保方案设计优化务实； (3)根据国家有关建筑工程设计法律法规、设计规范标准、施工工艺规程、招标文件、投资方要求、现场实际情况组织开展工程施工图设计及施工图深化设计，组织设计师对工程施工进行设计交底； (4)设计方案及图纸会审过程中，把握装饰专业及园建专业与土建专业及其他相关设备专业之间的专业结合问题，同时积极配合相关专业开展专业设计工作； (5)配合工程完工后的现场实际工程量测绘，参加工程竣工验收，组织绘制工程竣工图，办理竣工图纸签认手续，做好图纸归档保密工作； (6)及时参加图纸会审工作

序号	岗位名称	主要管理职责(EPC项目部层面)
3	EPC工程技术部	(1)负责编制项目总进度计划;编制项目总策划、项目部总体实施计划; (2)负责监控进度节点完成情况,组织召开进度协调推进会; (3)负责组织项目环境因素识别、评价、控制工作; (4)负责监督各单位劳务实名制管理及农民工工资支付; (5)负责科技类奖项申报;组织开展科技促进降本增效活动。 (6)负责工程新技术、新材料、新工艺在项目中的推广应用; (7)负责项目信息化管理工作; (8)负责项目施工组织设计、专项施工方案的审核、批复,负责组织技术优化; (9)监督项目施工过程中各阶段各参建单位的工程资料的收集整理及归档; (10)参与设计交底、答疑、图纸会审,协助解决设计图纸的问题
4	EPC商务部	(1)负责编制项目商务总策划; (2)负责施工图预算的编制; (3)负责制定招采计划,组织落实招采工作; (4)起草分包分供合同,并发起项目合同评审工作,跟踪合同签订流程、建立合同台账等合同管理工作; (5)负责商务部日常工作开展,包括分包分供过程计量、项目月度成本核算分析,月、季度招标计划,月度资金计划的实施; (6)对分包分供签证的合理性、经济性进行审核,并计入台账; (7)根据现场施工进度完成情况,向业主提交的进度款申请; (8)负责项目分包分供完工结算以及项目竣工结算办理相关工作; (9)负责项目分包分供签证、索赔费用的审核同时完成对业主签证、索赔的组价及报审工作,变更的计算及估价工作; (10)根据总包合同及现场情况向业主申请签证、进度款、结算款,落实资金来源,保障项目的顺利实施
5	EPC安全部	(1)监督各参建单位落实国家、省、市安全生产的方针、政策、各种规章制度及各项标准,制定落实创优目标; (2)监督各参建单位建立健全安全生产管理制度并定期检查; (3)负责组织开展周(月)例行安全生产大检查,做好安全检查记录,督促各参建单位整改并实施安全惩奖; (4)负责监督各参建单位每天进行项目安全巡查; (5)负责监督各参建单位对项目开展各项专项安全治理行动和应急救援演练; (6)负责建立和健全安全台账,管理各项安全管理资料; (7)负责 EPC 总承包安全智能监控平台的推广与应用,并且做好安全信息化管理工作; (8)负责检查各参建单位的安全管理资料
6	EPC质量部	(1)负责制定项目总创优目标并分解落实; (2)组织人员对项目施工过程中遇到的质量问题提供具体服务; (3)建立健全 EPC 质量管理体系和规章制度,编制项目质量管理策划及质量保证措施; (4)成立项目质量管理小组,并开展活动; (5)组织质量专项检查、评比,召开质量专题,分析质量问题原因并持续改进; (6)编制项目质量创优策划,对接协会; (7)对接建设单位、监理单位及政府质量监管部门
7	综合协调部	(1)负责 EPC 项目公共关系的总体协调; (2)配合报批报建的工作; (3)负责 EPC 项目收文、登记、传阅、发放和管理工作; (4)负责协助 EPC 项目总经理协调项目各部门、各区段; (5)负责及时、准确地将 EPC 项目部的决定、精神和要求,全面细致地贯彻传达到各部室; (6)负责 EPC 项目宣传报道工作,弘扬企业在施工生产、经营管理、文化生活等方面的精神风貌,增强项目部员工凝聚力; (7)负责 EPC 项目用印管理工作; (8)负责 EPC 项目会议、食堂、车辆、接访等后勤工作

1.3 EPC项目的沟通协调

信息沟通与协调管理贯穿工程项目建设的全过程，是项目各参与方管理的纽带，可使矛盾的各个方面趋于统一，使项目实施和运行过程更顺利，是实现高效报批报建、分阶段验收、结算收款和全过程顺利建设的重要工作。

（1）沟通协调策略

1）以掌握各方管理规定和流程为前提，理顺沟通和事项办理程序。

2）保持与业主目标一致性，积极服务业主，争取支持和谅解。

3）以沟通策划为先导，细化工作流程，责任落实到人。

4）以效果考核为激励，强化沟通效果，为项目创造最佳环境。

（2）项目信息识别与管理

项目信息是指与项目管理过程相关的各类数据、文件、资料等的统称。项目部应根据项目实施全过程管理的需要，分析与企业、相关方的相互关系、信息往来的情况，编制《项目部信息识别表》，识别项目各相关方沟通信息。

项目部应按照《项目部信息识别表》，明确信息管理工作内容、管理责任、传递流程及管理要求，反映企业内部信息流和有关的外部信息流及各有关单位、部门和人员之间的关系，有利于保持信息畅通。

应利用信息技术优化信息结构、存储媒介和流程，提高信息管理效率。项目部与企业之间的信息传递宜应用企业信息平台实现。利用信息化方式与外部单位沟通宜优先采用邮件方式，并留存沟通记录。

应按照公司保密管理办法的要求，制定信息安全与保密措施，应用必要的技术及手段确保网络安全，防止信息在传递与处理过程中的失误与失密。

（3）沟通协调机制

项目部应依据《项目部信息识别表》及与相关方的沟通需求，编制《项目部沟通计划》，明确沟通方式、途径及内容等。内部沟通可采用口头、书面、会议、培训、检查、报告、考核与激励等多种方式；外部沟通应依据项目沟通计划、合同、法律法规、社会责任和项目具体情况等进行，一般采用会议、传真、信函、电子邮件、报告等方式。项目部应对沟通结果形成记录并保存。

1）报告机制

报告机制是相关方定期了解项目进展的有效方式。项目部根据企业管理相关要求按时将"三个基本报告"定期报送，使企业及时准确了解项目实际情况；定期、不定期地向发包人及监理单位报告项目进展及需要发包人协调的问题，按规定存档形成管理资料。报送建设单位、监理单位的报告应做好登记和签收确认。

项目实施过程中需要向建设单位、监理单位提交的主要报告包括：

① 项目总体进度计划；

② 施工组织设计、专项工程施工方案；

③ 危险性较大的工程专项施工方案；

④ 质量、安全保证体系；

⑤ 开工报告；

⑥ 安全事故应急预案；

⑦ 周报、月报；

⑧ 工程进度款申请报告；

⑨ 申请工程交工（移交）报告；

⑩ 竣工报告；

⑪ 结算报告；

⑫ 项目实施过程中如果遇到工程质量重大事故、安全责任事故必须按相关规定报告建设单位、监理、主管部门；

⑬ 与项目相关的其他专题报告。

2）会议机制

通过召开各层次的会议，协调工程建设中各层面的关系，明确目标、制定工作措施、落实责任，解决相关问题。会议要求应明确，并做好计划、记录及会议结果处理反馈。

① EPC 总承包项目会议

由 EPC 总承包项目部召集设计、采购、施工及各分包分供方，部署各项工作，协调解决各阶段、各专业、各工区、各环节之间的问题，确保工程有序推进。

② 监理例会

由监理单位定期组织召开，各工程参与方共同协调解决工程实施过程中出现问题，确保工程安全、优质、高效地推进。

③ 专题协调会

根据项目建设需要，对于项目实施过程中的危大方案及出现的技术、质量、进度、安全、地方关系协调等事项，可采用专题会议讨论协商解决。

1.4　EPC 项目的优化设计

设计阶段，工程成本控制的主要手段包括限额设计和优化设计。限额设计是将业主批准的投资额和工程量先行分解到各专业，从而实现对设计规模、设计标准、工程数量和概算指标等方面的控制；而优化设计是对限额设计目标的深化，它在保证限额设计目标的前提下，通过对结构受力、细部节点优化和部品部件的标准化，从利于加工装配、利于储运、利于各专业协同出发进行优化，从而实现精益建造。

装配式建筑应在减少异型构件、减少配模、大直径大间距配筋、叠合板不出筋、叠合板免支撑或少支撑、连接节点、接缝增强等方面加以优化，其他诸如窗墙比、层高、地下室、消防、材料更替等优化内容可视前期图纸深度结合实际情况加以考虑。

1.5 EPC 项目的采购管理

项目采购管理是工程项目管理的重要组成部分，是工程项目建设的物质基础，对项目的进度、质量、成本有着直接影响。

在 EPC 工程中，采购工作和设计工作深度交叉，在设计阶段开展采购策划，有利于缩短工程工期，降低工程成本。关注关键线路所需物资、长周期设备及其他设备的技术文件的批复情况，有针对性地制作专门的《技术文件批复情况跟踪表》，时刻掌握、跟踪所有采办部的相关技术文件的即时状态，以便在技术文件具备询价条件的情况下，第一时间发出询价文件，有效缩短采购周期，保证项目物资的交货期。

采购管理应遵循成本效益、择优选择、质量合格、专业协同、采管分离的原则。根据分包工程和材料设备的采购特点及招标程序完成时间，将分供采购分为特殊类、普通类、垄断类（含业主指定类）和其他类进行管理，相应管理要点如下表。对于长周期、关键设备，应采取督办制度。任何一项物资订单的下达并不代表合同项下的物资一定就能按期如量到货，必须使用强有力的手段保证物资的供应进度。对于装配式建筑，其结构件应驻厂监造，以便保证质量和供货进度。不同类别采购的管理要点参照表 1-2。

不同类别采购的管理要点 表 1-2

序号	类别	管 理 要 点
1	特殊类	采购计划编制、招标申请、分供商考察推荐、编制招标文件及招标控制价、评审招标文件、招标控制价审批、发放招标文件、开标和询标、审核及审批、通知中标并签订合同
2	垄断类	市场询价并起草合同、竞争性谈判、确定合同内容、审核及审批、合同用印
3	业主指定类	市场询价并起草合同、竞争性谈判、确定合同内容、审核及审批、合同用印

1.6 EPC 项目的施工管理

EPC 工程的施工管理应贯穿于项目的全过程：前期阶段、设计阶段、施工阶段、竣工验收和运维阶段，涵盖成本、进度、技术、质量、安全、环保、文明施工等诸多方面。各个阶段体现的施工管理方面的主要任务如下。

（1）前期阶段

1）编制项目施工总体部署。

2）提出初步的施工进度计划，编制项目总进度计划。

3）进行现场调查，提出施工方案，供设计工作参考。

4）准备项目分包内容，对拟参加专业单位进行调查。

（2）设计阶段

1）参与扩初设计。

2）确定施工现场平面布置及关键施工参数，参与设计优化。

3）开展施工 BIM 正向设计。

4）根据设计文件组织编制施工分包招标文件。

5）参与项目招标、评标、决标及分包合同谈判。

6）制定项目施工管理文件。

（3）施工阶段

1）落实现场施工管理工作，代表 EPC 工程总承包与业主及施工分包商联系工作。

2）检查开工前的准备工作，落实"三通一平"以及施工分包商的各项施工准备，商定开工日期。

3）检查设计文件、设备、材料到货情况及上施工设备完备情况。

4）编制施工进度计划和滚动计划，检查由分包商编制的周滚动计划，控制工程进度。

5）做好工程施工总结和施工资料归档。

6）分析存在的问题，及时处理、协调、解决现场问题。

（4）竣工验收和运维阶段

1）协助建设单位组织竣工验收。

2）检查工程的实体质量，并做好相应记录。

3）对工程施工、设备安装各管理环节做出整体评价，形成竣工验收意见签字留存。

4）移交资料、备案。

5）建筑物使用培训。

6）设备使用培训以及售后服务的移交。

7）维保。

第 2 章

装配施工技术

2.1 装配式施工技术准备

装配式施工技术准备主要包括：劳动力配置及要求、机械设备选择及要求材料、预制构件配置及要求、装配式建筑施工专项技术方案、施工平面布置及场地要求。

2.1.1 劳动力配置及要求

施工项目劳动力是项目经理部参加施工项目生产活动的人员总称。劳动力配置核心是按照施工项目的特点和目标要求，合理地组织、高效率地使用和管理劳动力，并按项目进度的动态调整。本指南介绍了吊装工、灌浆工、钢筋工、模板工及混凝土浇筑工要求。

1. 吊装作业班组劳动力配置

装配整体式混凝土结构在构件施工中，需要进行大量的吊装作业，吊装作业的效率将直接影响到工程施工的进度，吊装作业的安全将直接影响到施工现场的安全文明管理。吊装作业班组一般由班组长、吊装工、测量放线工、司索工等组成。

2. 灌浆作业班组劳动力配置

灌浆作业施工由若干班组组成，每组灌浆操作人员一般由下列人员组成：1 名机械调试人员，2 名浆料制备人员，1 名灌浆人员，1 或 2 名封堵人员，共 5 或 6 人。

3. 灌浆饱满度检测班组劳动力配置

灌浆作业施工后，应当对于灌浆施工质量进行进一步检测，以确保全过程质量管理，提高精细化管理，灌浆饱满度检测班组每组应不少于 3 人，1 人负责检测仪操作，1 人负责钻孔操作，辅助人员 1 人。

4. 钢筋工、木工及混凝土工班组劳动力配置

吊装作业施工完成后，应当对于现浇位置配置钢筋工 2 人、模板工 2 人、混凝土工 3 人。

5. 劳动力组织技能培训

（1）吊装工序施工作业前，应对工人进行专门的吊装作业安全意识培训。构件安装前应对工人进行构件安装专项技术交底，确保构件安装质量一次到位。

（2）灌浆作业施工前，应对工人进行专门的灌浆作业技能培训，模拟现场灌浆施工作业流程验证和确定各项工艺参数，提高灌浆工人的质量意识和业务技能，确保构件灌浆作业的施工质量。

（3）检测前制定检测方案，进行操作技能，判立标准等培训。检测仪器设备校准、校正。检测后影像数据分析，整理。技术操作水平培训管理要求参照表 2-1。

技术操作水平培训管理要求　　　　　　　　　　　　　　　　　表 2-1

序号	管理内容	具 体 要 求
1	持证上岗	对特殊工种及需要上岗证的工人上岗前进行培训考试,取得国家认可的上岗证
2	职业技能培训	定期对工人进行职业技能培训,建立考核机制
3	岗前交底	分项工程施工前,对所有工人进行岗前培训,使之了解工作内容、技术标准与管理要求
4	技术改进培训	新技术使用前要对所有工人进行详细的理论与实践培训交底,确保实际工作按计划要求进行

2.1.2　机械设备选择及要求

装配整体式混凝土结构，吊运通常情况需要采用大型机械吊运设备完成构件的吊运安装工作。吊运设备分为移动式汽车起重机和塔式起重机。场内水平运输分为平板车，叉车。在实际施工过程中应合理地使用两种吊装设备，使其优缺点互补，以便于更好地完成各类构件的装卸运输吊运安装工作，取得最佳的经济效益。施工起重设备如图 2-1 所示。

(a)移动式汽车起重机　　　　　　　　　　　　　　(b)塔式起重机

图 2-1　施工起重设备

1. 移动式起重设备

在装配整体式混凝土结构施工中，对于吊运设备的选择，通常会根据 PC 构件重量及所处塔式起重机大臂位置，结合塔式起重机吊运能力参数等因素综合考虑确定。一般情况下，在低层、多层装配整体式混凝土结构施工中，预制构件的吊运安装作业通常采用移动式汽车起重机，当现场构件需二次倒运时，可采用移动式汽车起重机。如遇其他情况，可采用其他小型机械辅助施工，如千斤顶、电动葫芦、液压升降平台、张拉设备等，但应满足机械设备相应管理规定。

2. 塔式起重设备

（1）起吊能力和覆盖范围区域的满足

在选择塔式起重机前，对构件的最大起重量和最远的吊装距离进行分析。按照现有的 PC 工地的考察了解，选择额定起重力矩在 160kN·m 和 2500kN·m，对应的塔式起重机类型有 QTZ160、ZJ6516 和 QTZ250、ZJ7030，分别最大幅度为 65m 起吊 1.6t，最大幅度 70m 起吊 3.0t。高层超过 40m 高时，选择附着式塔式起重机；特殊情况进行构件优化设计，满足经济合理的配置要求。

（2）起吊及回转速度的选择

对多层、小高层可以 4 倍率起升速度选择起吊设备，超高层宜按 2 倍率起升速度选择起吊设备，即可满足起重量及效益的双重需要。

（3）吊装吊具索具

几种常见预制构件的起吊工装系统如图 2-2 所示。

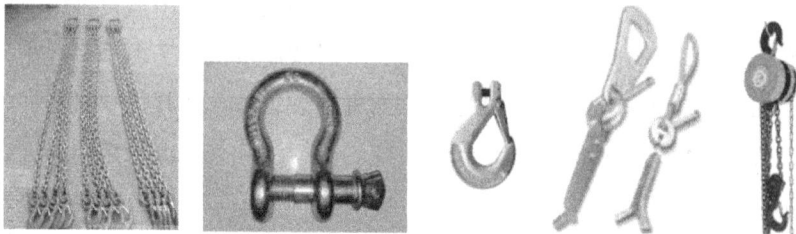

图 2-2 起吊预制构件工装系统示意图

2.1.3 材料、预制构件配置及要求

1. 材料、预制构件配置要求

施工材料、预制构件配置是为顺利完成项目施工任务，从施工准备到项目竣工交付为止，所进行的施工材料和构件计划、采购运输、库存保管、使用、回收等所有的相关管理工作。

（1）根据进度计划，工序安排，制定部品部件进场计划，协助构件厂制定排产计划，物流计划，使用部品部件有序进场。

（2）装配整体式结构采用的灌浆料、套筒等材料的规格、品种、型号和质量必须满足设计和有关规范、标准的要求，坐浆料和灌浆料应提前进场取样送检，避免影响后续施工。

（3）预制构件的尺寸、外观、钢筋等，预留预埋必须满足设计和有关规范、标准的要求。

（4）外墙装饰类构件、材料应符合现行国家规范和设计的要求，同时应符合经业主批准的材料样板的要求，并应根据材料的特性、使用部位来进行选择。

（5）建立部品部件材料收、发、储、运等环节管流程及管理台账，对预制构件进行分类有序堆放，对坐浆料、灌浆料、易燃品设置专用库房分类存放，采用必要的防潮、防雨、防火措施。

2. 工装准备

为了满足工程施工要求，在工程施工时，首先应编制工程材料、预制构件、工装系统需用计划，同时根据施工进度的要求，项目施工中各分项工程的管理人员还要编制月、周材料物资的需用量的进场计划。项目组织各种材料、预制构件、工装系统进场，并负责材料、预制构件、工装系统的搬运、存储、保管及分发。其次，为保证施工中的所用的各种材料、预制构件、工装系统满足质量要求，应有以下措施：

（1）所有进场的材料、工装系统必须有出厂合格证；

（2）严格的材料、工装系统进场验收制度，由持证上岗、经培训的质检员、材料员、试验员和分管工长参加进场验收；

（3）进场验收符合要求后，出具验收报告、清单等；

（4）需监理、建设单位参加的进场，提前沟通，同意进场，需第三方见证取样的验收，提前沟通同意进场；

（5）专人负责建立收、发、储、运台账，并对不合格品、废弃品及时办理不合格处置手续和废弃物消纳手续。

工装在进场正式使用前需进行受力荷载检验，合格后方可投入使用，同时明确工装使用的定期检验要求。

3. 支撑体系

（1）竖向构件支撑

竖向构件的斜支撑主要是为了避免预制剪力墙（柱）在灌浆料达到强度之前，墙体（柱）出现倾覆的情况，斜撑的布置具体参照剪力墙的具体尺寸、内部钢筋的绑扎和内部的预埋件的位置进行布置。

（2）水平构件支撑

水平构件的支撑有钢管扣件，碗扣架，独立支撑，门式支撑等体系。其中叠合板的支撑可采用独立支撑体系，独立支撑体系用于支撑预制水平构件，通过调节独立支撑高度，实现构件标高控制。独立支撑调节范围为 1.5~4.5m，支撑标高允许偏差±5mm。常见独立支撑架体如图 2-3 所示。

图 2-3　独立支撑

4. 装配式构件运输

根据所要运输构件的种类，选择合理的运输方式。实际运输过程中，可选择立式运输方式或平层叠放运输方式。对于内、外墙板和 PCF 板等竖向构件多采用立式运输方式。叠合板、阳台板、楼梯、装饰板等水平构件多采用平层叠放运输方式。叠合楼板：标准 6 层/叠，不影响质量安全可到 8 层，堆码时按产品的尺寸大小堆叠；预应力板：堆码 8～10 层/叠。叠合梁：2～3 层/叠（最上层的高度不能超过挡边一层），考虑是否有加强筋向梁下端弯曲，运输如图 2-4 所示。

同时对物流管理也需要重点关注，如公司资质、物流方案制定，也应组织对物流路线进行勘察，特殊情况如超高、超重办理相关手续、现场堆场、道路满足行驶堆载及防火要求。

图 2-4　预制墙体运输

5. 验收程序

验收流程如图 2-5 所示。

6. 部品部件堆放

装配式建筑施工中，应设置专用封闭堆放场地，本着就近且便于快速吊安原则进行分类堆放，满足一个流水段施工需求构件。场地应具有足够承载力和排水措施。不

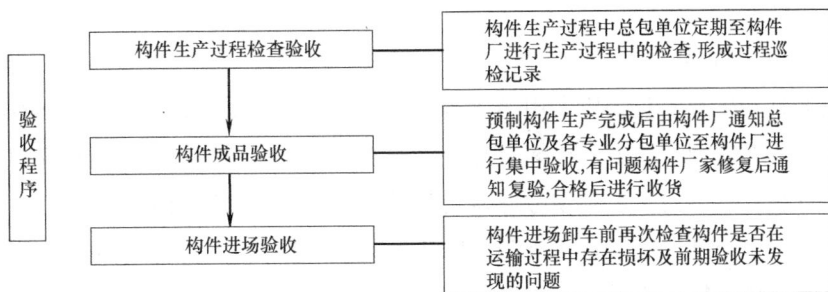

图 2-5 验收程序

同部品部件堆放留设 0.8~1.2m 通道。

（1）水平构件堆放

1）平放时的要求

PCF 板、叠合梁、双 T 板、钢梁、钢柱、预制混凝土柱等构件宜水平叠放，叠放层数应根据构件与垫木或垫块的承载力及堆垛的稳定性确定，必要时应设置防止构件倾覆的支架。叠合板有可靠的保证措施叠放层数不应大于 8 层；预制阳台板叠放层数不宜大于 4 层，预制楼梯水平叠放层数不应大于 6 层。

2）平放时的注意事项

① 对于宽度不大于 500mm 的构件，宜采用通长垫木，宽度大于 500mm 的构件，可采用不通长垫木，放上构件后可在上面放置同样的垫木，若构件受场地条件限制需增加堆放层数须经承载力验算。

② 垫木上下位置之间如果存在错位，构件除了承受垂直荷载，还要承受弯曲应力和剪切力，所以必须放置在同一条线上。

③ 构件平放时应使吊环向上标识向外，便于查找及吊运。

（2）竖向构件堆放

双皮墙、三明治墙、凸窗、PCF 板等堆放应满足下列要求。

1）竖放时的要求

通常情况下，梁、柱等细长构件宜水平堆放，且不少于两条垫木支撑；墙板宜采用托架立放，上部两点支撑。

2）竖放时的注意事项

① 立放可分为插放和靠放两种方式，插放时场地必须清理干净，插放架必须牢固，挂钩应扶稳构件，垂直落地，靠放时应有牢固的靠放架，必须对称靠放和吊运，其倾斜度应保持大于 80°，构件上部用垫块隔开。

② 构件的断面高宽比大于 2.5 时，堆放时下部应加支撑或有坚固的堆放架，上部应拉牢固定，避免倾倒。

③ 要将地面压实并铺上混凝土等，铺设路面要整修为粗糙面，防止脚手架滑动。

④ 柱和梁等立体构件要根据各自的形状和配筋选择合适的储存方法。

（3）构件堆放示例

1）预制剪力墙堆放

墙板垂直立放时，宜采用专用 A 字架形式插放或对称靠放，长期靠放时必须加安全塑料带捆绑或钢索固定，支架应有足够的刚度，并支垫稳固。墙板直立存放时必须考虑上下左右不得摇晃，且须考虑地震时是否稳固。预制外挂墙板外饰面朝内，墙板搁置尽量避免与刚性支架直接接触，以枕木或者软性垫片加以隔开避免碰坏墙板，并将墙板底部垫上枕木或者软性的垫片。

墙板宽度小于 4m 时内页墙下部垫 2 块 100mm×100mm×250mm 木方，两端距墙边 300mm 处各一块木方，如图 2-6 所示。

墙板宽度大于 4m 或带门口时内页墙下部垫 3 块 100mm×100mm×250mm 木方，两端距墙边 300mm 处、墙体重心位置处共三块木方，如图 2-6 所示。

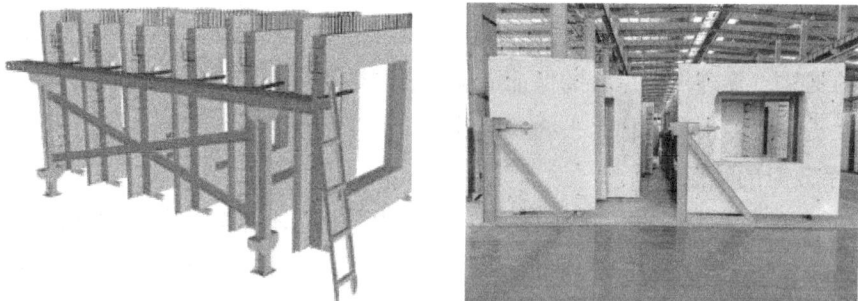

图 2-6　预制剪力墙堆放示意图

2）预制梁、柱堆放

预制梁、柱等细长构件宜水平堆放，预埋吊装孔表面朝上，高度不宜超过 2 层，且不宜超过 2.0m。实心梁、柱须于两端 0.2L～0.25L 间垫上枕木，底部支撑高度不小于 100mm，若为叠合梁，则须将枕木垫于实心处，不可让薄壁部位受力。预制梁堆放如图 2-7 所示。

图 2-7　预制梁柱构件堆放示意图

3）预制板类构件堆放

预制板类构件可采用叠放方式存放，其叠放高度应按构件强度、地面耐压力、垫木强度以及垛堆的稳定而确定，构件层与层之间应垫平、垫实，各层支垫应上下对齐，最下面一层支垫应通长设置，层间用 6 块 100mm×100mm×300mm 木方隔开，四角的 4 个木方位于吊环位置或距两边 500mm 左右，中间 2 个木方靠内侧摆放，木方方向垂直桁架，保证各层间木方水平投影重合，存放层数不超过 8 层且高度不大于1.5m。预制板类堆放如图 2-8 所示。

图 2-8　预制板类堆放示意图

4）预制楼梯或阳台堆放

楼梯板应存放在指定的区域，存放区域地面应保证水平。楼梯板应分型号码放。折跑梯左右两端第二个、第三个踏步位置应垫 4 块 100mm×100mm×500mm 木方，距离前后两侧为 250mm。保证各层间木方水平投影重合，存放层数不超过 6 层。如图 2-9 所示。

5）空调板堆放

空调板存放区域地面应保证水平。空调板应分型号码放，水平放置，层间用 2 块40mm×70mm×500mm 木方隔开，木方距两侧边缘 250mm 左右。保证各层间木方水平投影重合，存放层数不超过 10 层。如图 2-10 所示。

6）双面叠合剪力墙堆放

考虑双面叠合剪力墙构件的特性，应竖向放置，因此要根据双面叠合剪力墙的不同工况来确定。

双面叠合剪力墙现场存放状况的支撑架体采用 16 槽钢作为立柱及底梁，斜撑采用 14 槽钢，放置预制双面墙的间距比预制的墙厚大 10mm，放置后用木板皮两侧塞住，两墙间距 0.7m，立柱高 1.2m。如图 2-11 所示。

7）预制钢梁堆放

预制钢梁堆放场地应平整夯实，宜设置排水措施，预制钢梁的堆放应正确设置支

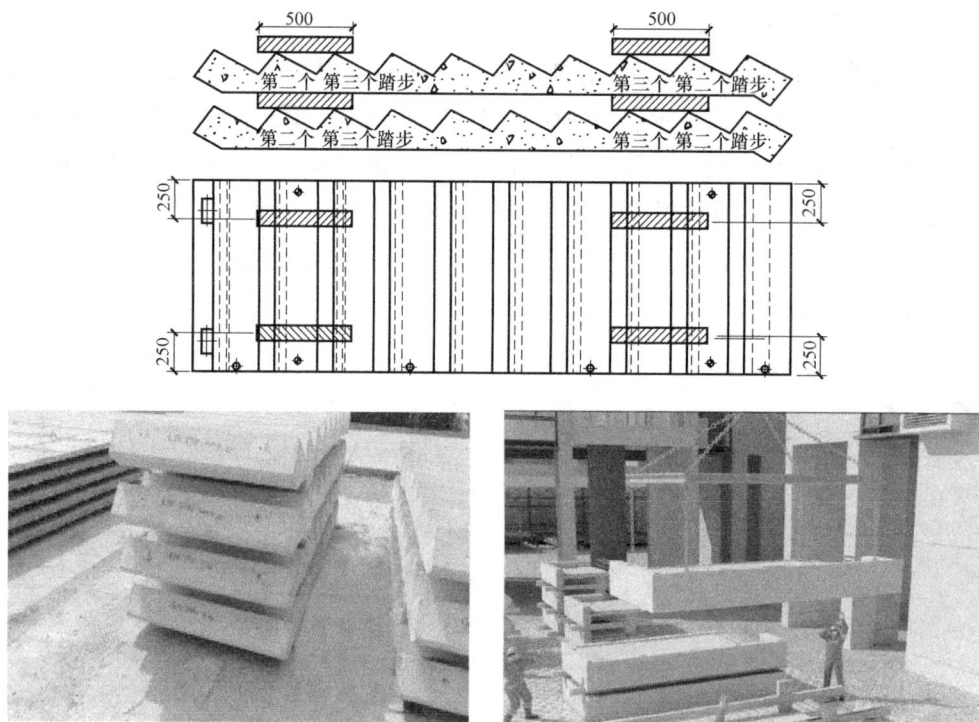

图 2-9　预制楼梯、阳台构件堆放示意图

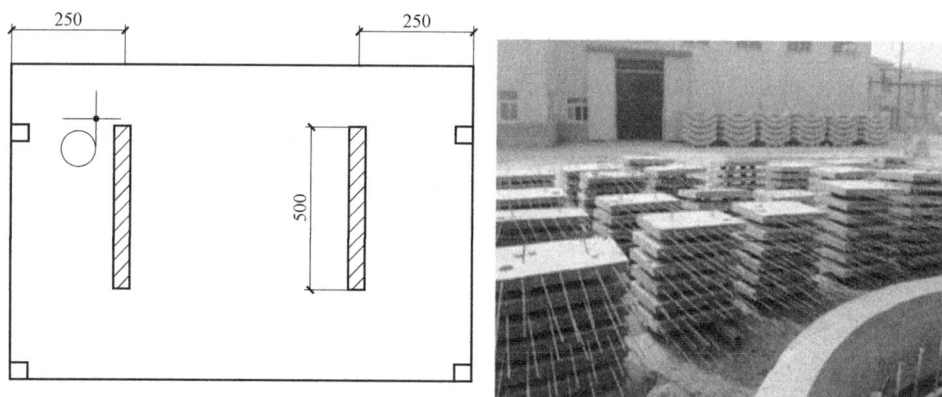

图 2-10　空调板堆放示意图

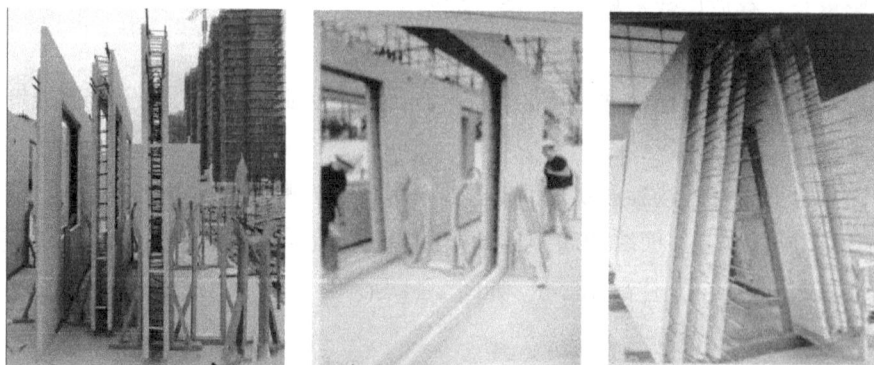

图 2-11　双面叠合剪力墙堆放示意图

承点，支承点位置必须符合设计要求，预制钢梁由于材料及形式特点，宜单层堆放。如图 2-12 所示。

图 2-12 预制钢梁堆放示意图

2.1.4 装配式建筑施工专项技术方案

装配式混凝土工程专项施工方案应包括工程概况、编制依据、进度计划、施工场地布置、大型机械的选型、外脚手架选型、预制构件运输与存放、安装与连接施工、成品保护、绿色施工、安全管理、质量管理、信息化管理、应急预案等内容。

根据施工组织与部署中所采取的技术方案，对本工程的施工技术进行相应的叙述，并对施工技术的组织措施及其实施、检查改进、实施责任划分进行叙述。在装配式建筑施工组织设计技术方案中，除包含传统基础施工、现浇结构施工等施工方案外，应对 PC 构件生产方案、运输方案、堆放方案、外防护方案进行详细叙述。

应考虑重大构件吊装安全，同时重点描述构件连接措施及质量控制要点、检查要求。如有地方要求，还应明确后期对灌浆套筒灌浆饱满度检查方式即可视化检查或破坏性检查操作流程、方式及要求。

1. 危大工程管理

《住房城乡建设部办公厅关于实施〈危险性较大的分部分项工程安全管理规定〉有关问题的通知》（建办质〔2018〕31 号文件）规定了危大工程范围和编制内容，危大工程专项施工方案主要内容应当包括：

（1）工程概况：危大工程概况和特点；

（2）编制依据：相关法律、法规、规范性文件、标准、规范及施工图设计文件、施工组织设计等；

（3）施工计划：包括施工进度计划、材料与设备计划；

（4）施工工艺技术：技术参数、工艺流程、施工方法、操作要求、检查要求等；

（5）施工安全保证措施：组织保障措施、技术措施、检测监控措施、安全措施等；

（6）施工管理及作业人员配备和分工：施工管理人员、专职安全生产管理人员、特种作业人员、其他作业人员等；

（7）验收要求：验收标准、验收程序、验收内容、验收人员等；

（8）应急处置措施；

（9）计算书及相关施工图纸。

危大工程（危险性较大的分部分项工程）是指房屋建筑和市政基础设施工程在施工过程中容易导致人员群死群伤或者造成重大经济损失的分部分项工程；危大工程及超过一定规模的危大工程范围参见《住房城乡建设部办公厅关于实施〈危险性较大的分部分项工程安全管理规定〉有关问题的通知》（建办质〔2018〕31 号文件）；施工单位应当在危大工程施工前组织工程技术人员编制专项施工方案，实行施工总承包的，专项施工方案应当由施工总承包单位组织编制，危大工程实行专业分包的，专项施工方案可以由相关专业分包单位编制，专业分包单位编制后施工总承包单位将总承包单位的管理工作和配合工作融入专项施工方案中，形成总承包单位的专项施工方案上报监理。如图 2-13 所示。

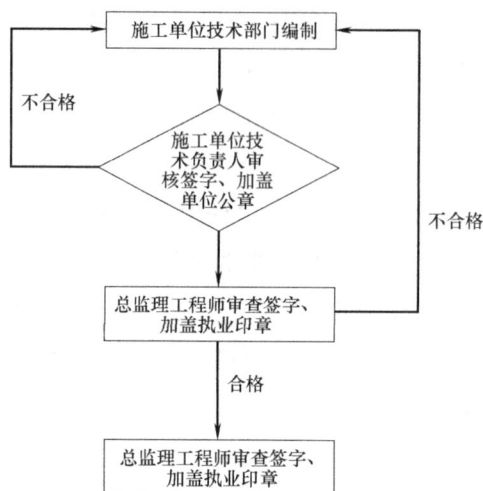

图 2-13 危大方案审批流程

2. 超过一定规模的危大工程范围及其专项施工方案专家论证要求

（1）超过一定规模的危大工程范围

1）深基坑工程：开挖深度超过 5m（含 5m）的基坑（槽）的土方开挖、支护、降水工程。

2）模板工程及支撑体系：

① 各类工具式模板工程：包括滑模、爬模、飞模、隧道模等工程。

② 混凝土模板支撑工程：搭设高度 8m 及以上，或搭设跨度 18m 及以上，或施工总荷载（设计值）15kN/m² 及以上，或集中线荷载（设计值）20kN/m² 及以上。

③ 承重支撑体系：用于钢结构安装等满堂支撑体系，承受单点集中荷载 7kN 及以上。

3）起重吊装及起重机械安装拆卸工程：

① 采用非常规起重设备、方法，且单件起吊重量在 100kN 及以上的起重吊装工程。

② 起重量 300kN 及以上，或搭设总高度 200m 及以上，或搭设基础标高在 200m 及以上的起重机械安装和拆卸工程。

4）脚手架工程：

① 搭设高度 50m 及以上的落地式钢管脚手架工程。

② 提升高度在 150m 及以上的附着式升降脚手架工程或附着式升降操作平台工程。

③ 分段架体搭设高度 20m 及以上的悬挑式脚手架工程。

5）拆除工程：

① 码头、桥梁、高架、烟囱、水塔或拆除中容易引起有毒有害气（液）体或粉尘扩散、易燃易爆事故发生的特殊建、构筑物的拆除工程。

② 文物保护建筑、优秀历史建筑或历史文化风貌区影响范围内的拆除工程。

6）暗挖工程：采用矿山法、盾构法、顶管法施工的隧道、洞室工程。

7）其他：施工高度 50m 及以上的建筑幕墙安装工程。

① 跨度 36m 及以上的钢结构安装工程，或跨度 60m 及以上的网架和索膜结构安装工程。

② 开挖深度 16m 及以上的人工挖孔桩工程。

③ 水下作业工程。

④ 重量 1000N 及以上的大型结构整体顶升、平移、转体等施工工艺。

⑤ 采用新技术、新工艺、新材料、新设备可能影响工程施工安全，尚无国家、行业及地方技术标准的分部分项工程。

（2）专项施工方案专家论证要求

1）超过一定规模的危大工程，施工单位应当在施工前组织召开专家论证会对专项施工方案进行论证，实行施工总承包的，由施工总承包单位组织召开专家论证会。专家论证前专项施工方案应当通过施工单位审核和总监理工程师审查；专家论证会后，应当形成论证报告，对专项施工方案提出通过、修改后通过或者不通过的一致意见，专家对论证报告负责并签字确认；专项施工方案经论证需修改后通过的，施工单位应当根据论证报告修改完善后，专项施工方案应当由施工单位技术负责人审核签字、加盖单位公章，并由总监理工程师审查签字、加盖执业印章后方可实施；专项施工方案经论证不通过的，施工单位修改后应当按照本规定的要求重新组织专家论证。

2）超过一定规模的危大工程专项施工方案专家论证会的参会人员应当包括：专

家（专家应当从地方人民政府住房城乡建设主管部门建立的专家库中选取，符合专业要求且人数不得少于 5 名，与本工程有利害关系的人员不得以专家身份参加专家论证会）；建设单位项目负责人；有关勘察、设计单位项目技术负责人及相关人员；总承包单位和分包单位技术负责人或授权委派的专业技术人员、项目负责人、项目技术负责人、专项施工方案编制人员、项目专职安全生产管理人员及相关人员；监理单位项目总监理工程师及专业监理工程师。

3）专家论证的主要内容应当包括：专项施工方案内容是否完整、可行；专项施工方案计算书和验算依据、施工图是否符合有关标准规范；专项施工方案是否满足现场实际情况，并能够确保施工安全。如图 2-14 所示。

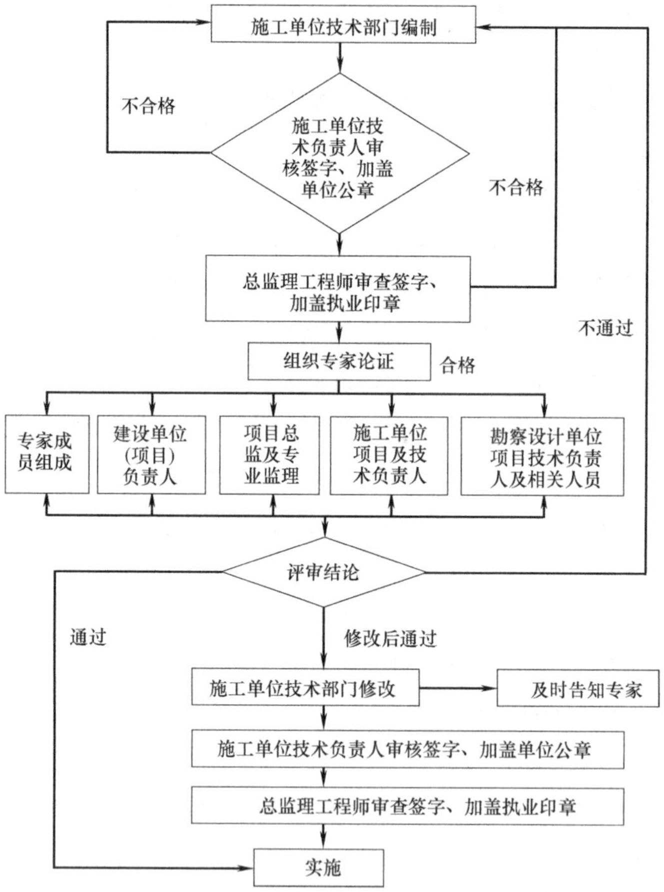

图 2-14　超过一定规模的危大方案审批流程

2.1.5　施工平面管理要求

1. 建立施工平面管理制度

项目经理全面负责施工过程中的现场管理，并建立施工项目现场管理组织体系。施工项目现场管理应由主管生产的副经理、责任工程师、分包、生产、技术、质量、安全、环保、消防、材料等管理人员组成。建立现场管理例会和协调制度，通过调度工作实施动态管理，做到经常化、制度化。

2. 指示、警示、标识要求

在堆放区域应设置指示牌、标识牌、安全警示标志，便于查找、识别状态，保证安全。同时对于特殊天气，如大暴雨、雪、风等情况，应采取加固、放倒等措施。

3. 环保与节能减排要求

应设置环保降尘设备，便于构件堆场扬尘环保管理，同时设置专项人员进行全周期管理。

4. 场容管理

预制构件及相应配件除应按照施工平面图布置外，还应考虑施工阶段环境变化，做到位置合理、码放整齐、限宽限高、上架入箱、规格分类、挂牌标志，便于来料验收、清点、保管和出库使用。

2.2 装配式施工模架体系选用

2.2.1 模板

2.2.1.1 模架施工技术

装配式建筑施工用的模板根据所用材料分有：木胶合模板、竹胶合模板、塑料模板、铝合金模板、标准小型组合钢模板、定型大钢模板、铝框覆塑组合模板、铝框覆木（竹）胶合模板、钢框覆塑组合模板、钢框覆木（竹）胶合模板、钢木组合模板、钢化玻璃组合模板、强化纤维复合模板等类型。模板体系概况见表 2-2。

本指南主要推荐铝合金模板、带框复合模板、塑料模板等。

装配式建筑其施工外防护架体系统有：整体集式爬架、专用工具式三角挂架、专用挑架、电动升降平台等，模架应根据承重其安装、使用和拆除工况进行设计，并应满足承载力、刚度和整体稳固性要求。

本指南主要推荐附着式升降脚手架、专用工具式三角挂架。

装配式建筑施工支撑系统有独立支撑、门式支撑、碗扣支撑等，表 2-2 将对其适用范围及优缺点做详细描述。本指南主要推荐独立支撑、门式支撑体系。

模板体系概况　　　　　　　表 2-2

序号	名称	适用范围	优点	缺点
1	扣件式钢管支撑体系	广泛用于房屋、桥梁、涵洞、隧道、烟囱、水塔、大坝、大跨度棚架等多种工程施工	通用性强、承载力大、整体刚度好等	不安全、不环保、老旧率高、功效低、损耗高、不灵活

序号	名称	适用范围	优点	缺点
2	碗扣式钢管支撑体系	广泛用于房屋、桥梁、涵洞、隧道、烟囱、水塔、大坝、大跨度棚架等多种工程施工	拼拆迅速省力,而且结构简单,受力稳定可靠,避免了螺栓作业,不易丢失零散配件,使用安全,方便经济	通用性差,配件易损坏且不便修理
3	门式架钢管支撑体系	南方地区及装修行业多有应用	标准定型组件,搭设操作简便,工效高,其所用的交叉斜杆截面尺寸小,经济性好	通用性差,其专用扣件市场供应不足
4	盘扣式钢管支撑体系	主要适用于桥梁、地铁中的跨度大、支撑高度高的结构底标高一致的板式结构体系	承载能力高抗侧向力稳定性高适应各种结构和空间的组架,搭配灵活	
5	承插型键槽式钢管支架	高层钢筋混凝土结构施工	操作简易、成本低廉、安全可靠耐用性好,能够起到加快模板周转、节省投入、降低人工成本、缩短工期的效果	
6	台模	大开间、大柱网、大进深的现浇钢筋混凝土楼盖施工,尤其适用于现浇板柱结构(无柱帽)楼盖的施工	装拆快、人工省、技术要求低	适用范围小
7	普通独立钢支撑	主次梁及竹木胶合板或塑料模板组成早拆模板体系、钢框胶合板模板组成台模体系、铝合金模板体系及组合式带肋塑料模板体系	应用范围广,应用方便,安全可靠,施工速度快,节省大量钢材,降低施工成本	
8	铝合金模板	适用于层数高的、户型类似的修建工程项目	重量轻但承载力强,安装方便快捷,节省了施工时间,降低了施工成本,节能环保无污染	前期一次性投入成本较大
9	塔架	钢结构安装重载支撑,工厂烟囱的支撑、大型建筑物支撑	承载力高,组合方便	适用范围单一

2.2.1.2 铝合金模板施工技术

1. 铝合金模板工艺

(1) 依照工程施工图进行铝合金模板配模深化→深化图报审、修订、出正式成果图→根据成果图开模生产制作→生产完成后试拼装,并验收→验收通过后打包发往工地现场→现场验收货物→楼层放线→现场安装、验收。

铝合金模板安装如图 2-15 所示。

(2) 验收通过后打包发往工地现场及验收货物。

厂内编号拆装打包运抵现场如图 2-16 所示。

2. 铝合金模板安装工艺

铝合金模板工程遵循先安装剪力墙柱后安装梁板面的原则,但是考虑到侧模先拆则竖向模板顶平面模板,或做阴角楔形小模板也可,采取整体一次浇筑。具体的流程工艺如图 2-17 所示。

图 2-15　铝合金模板安装展示图

图 2-16　材料运输、堆放

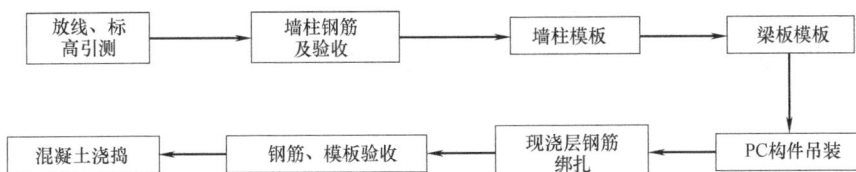

图 2-17　铝合金模板安装流程图

　　在深化设计阶段可提前根据模板配模情况，提前将后期模板安装预留孔洞提前进行优化，并在工厂生产阶段将孔洞进行预留，在后期施工时可直接进行模板安装，无需后期开孔，大大减少了人工及材料投入，也极大程度上减少了成本投入。剪力墙后浇筑位置模板加固形式可采用穿墙螺杆、拉片体系，也可采用无穿墙杆体系。模板安装如图 2-18 所示。

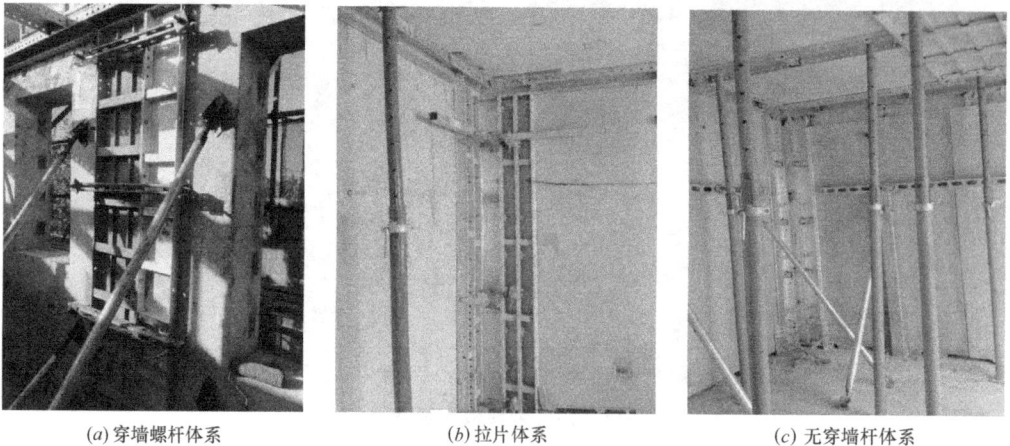

| (a)穿墙螺杆体系 | (b)拉片体系 | (c)无穿墙杆体系 |

图 2-18　模板安装

2.2.1.3　格栅组合模架系统施工技术

格栅组合模架系统适用于住宅和办公楼等建筑项目。可浇筑的最大楼板厚度为 200mm，高度 3900mm。使用附加支撑组件固定楔，标准模块重量只有 16kg，使用立杆可轻松将其顶升至立模平面，然后将支撑安装在模板下方，调整立柱的垂直度。通过这种方式，施工人员可在立放好的框架平面上安全地行走，选择需要的塑模铺放在框架上。统一的系统化安装流程，提高了立模速度。格栅组合模架系统如图 2-19 所示。

1. 格栅组合模架系统工艺

（1）依照工程施工图进行铝框、塑模及钢管支架配置深化；

（2）深化图报审、修订，出正式成果图；

（3）根据成果图开模生产制作；

（4）生产完成后试拼装，并验收通过后打包发往工地现场；

（5）现场验收货物；

（6）楼层放线；

（7）现场安装、验收。

2. 格栅组合模架系统施工工艺

内管、外管套接→内管安装支柱转接头→布置临时折叠三脚支撑架→布置起始立杆→连接水平拉杆→安装铝框架→提升铝框架并固定于立杆上→按上述步骤满铺铝框架及满布立杆→立杆高度微调节→铺设板面塑料模板→塑料模板板面标高精调节→检查验收并移交钢筋施工。

1—塑料面板；2—标准格栅；3—加宽格栅；4—加长格栅；5—支撑接头；
6—独立支撑；7—三脚架

(a) 格栅组成

(b) 支撑接头

(c) 固定楔

(d) 独立支撑

1—底座；2—套管；3—支撑盘扣；4—调节螺母；5—回形支撑插销；
6—插管；7—支撑头

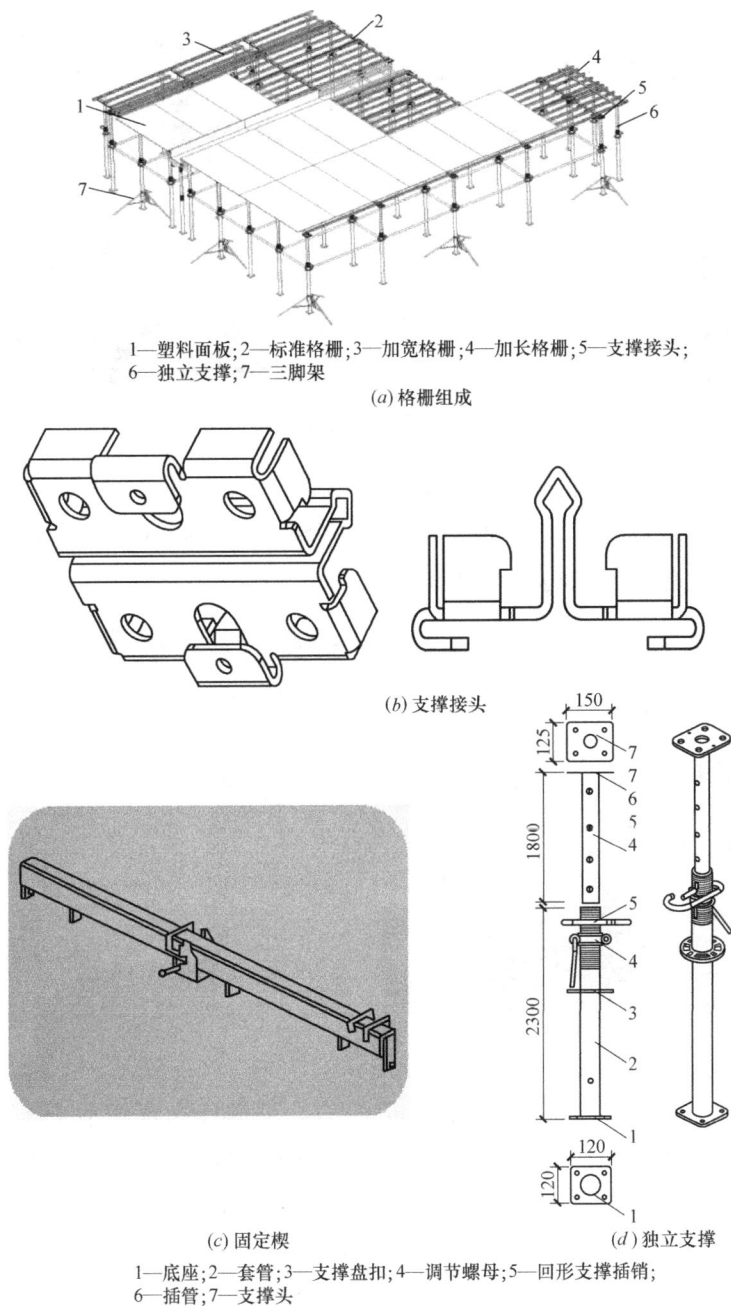

图 2-19　格栅组合模架系统

安装过程如图 2-20 所示。

2.2.2　支撑架

本指南介绍支撑架为梁支撑和板支撑。其中预制混凝土梁宜采用门式架或独立支撑架，叠合板可采用单排连续支撑形式，在使用预应力空心叠合板时可不用支撑架。

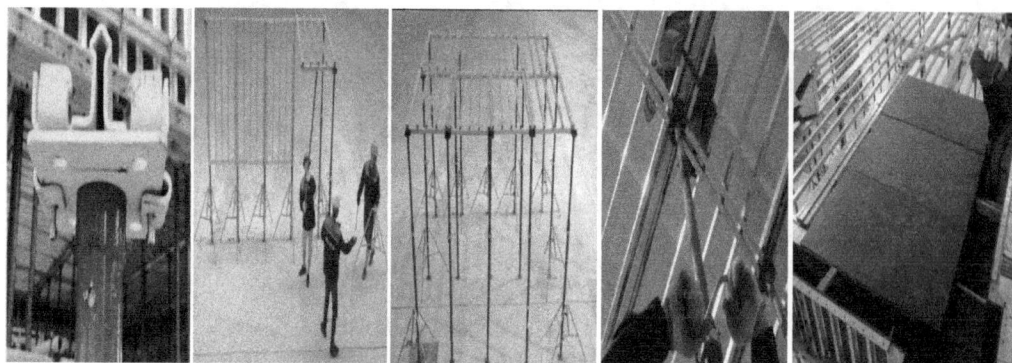

图 2-20　安装过程

预制梁独立支撑相比传统钢管扣件支撑及碗扣架支撑可节省大量人工搭设时间，也可以明显改善施工作业环境。很大程度上减少施工材料投入，也减少了成本投入。同时也可以保证施工质量及安全。如图 2-21 所示。

图 2-21　预制梁支撑

叠合板分为：①普通叠合板 7＋6 或 6＋7，根据计算跨度小于 3.6m 可采用单排连续支撑，大于 3.6m 可采用双排或单排连续支撑；②预应力叠合板（带肋或部带肋），根据计算跨度小于 3.6m 可不设支撑，跨度大于 3.6m，可采用线性单排或多排支撑；③预应力空心板、双 T 板，可不设支撑，特殊情况根据计算设置。对层高在 3.0m 以内的，单排连续支撑可以不设水平杆，大于 3.0m 至少设置一道水平杆。

铝合金模板单排连续支撑体系可以很好地与叠合板施工相结合，极大程度上改善了传统作业模板脚手架体系面临的问题，不需要搭设满堂架，也不再需要投入大量人工及模板木方。从另一方面来讲，也向新时代的工业化生产施工迈进了一步，改变了传统工地给大家的印象。如图 2-22 所示。

针对密拼叠合板可以与点支撑体系进行结合，在满足结构承载及施工荷载等要求的基础上，可以进一步减少施工材料的投入，也大大降低了施工费用投入，节省劳动

图 2-22 叠合板单排连续支撑

力投入。也满足绿色施工要求，进一步改善了传统模架体系的弊端。如图 2-23 所示。

图 2-23 密拼叠合板结合点支撑体系

采用预应力空心板体系从根本上解决了传统模板架体搭设的施工安全及质量问题，也可以更好地提供施工作业环境，同时为提前穿插作业施工打下了良好基础。如图 2-24 所示。

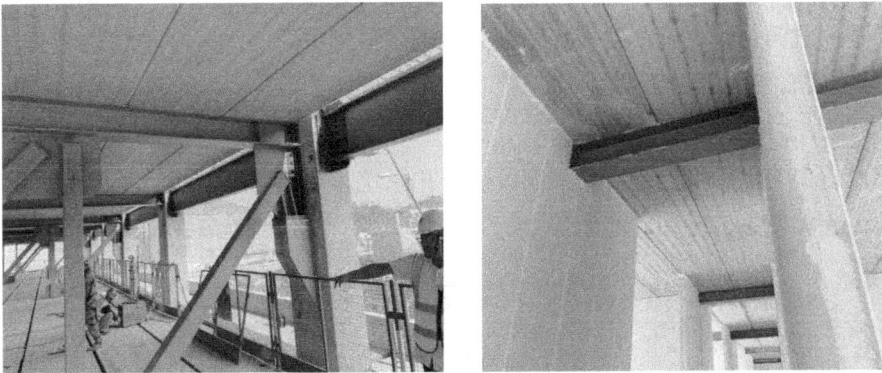

图 2-24 预应力空心板无支撑

图 2-25　预制阳台板支撑

预制阳台支撑体系与预制楼板支撑体系形式相同，但阳台板属于悬挑构件，故支撑体系的搭设要严格按施工方案要求进行。支撑间距不宜小于 1.2m。预制阳台安装时必须按照设计要求，保证伸进支座的长度，待初步安装就位后，需要用线坠检查是否与下层阳台位置一致。如图 2-25 所示。

预制飘窗支撑体系与预制外墙支撑体系形式相同，既要考虑结构垂直度、平整度要求，也要考虑外部悬挑结构稳定性和成品保护。如图 2-26 所示。

图 2-26　预制飘窗支撑

2.2.3　外架

本指南介绍了装配式混凝土结构外围护系统包括附着式提升脚手架、装配工具式三角挂架系统、斜拉式悬挑脚手架、附着式电动施工平台外围护系统等，其中附着式提升脚手架、装配工具式三角挂架一般适用于高层装配式混凝土结构。具体外架体系选择还应考虑地方及相关要求。如项目对外装施工有需求时，多层可采用落地式钢管脚手架、门式钢管脚手架，高层宜采用斜拉式悬挑脚手架。

2.2.3.1　附着式提升脚手架

1. 标准化工装系统

标准化工装由动力系统、支撑系统、防护系统、防坠系统、中控系统组成，各系统安装流程如图 2-27 所示。

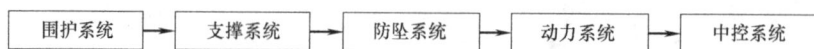

图 2-27　标准化工装安装流程图

2. 系统应用流程

系统应用示意如图 2-28 所示。

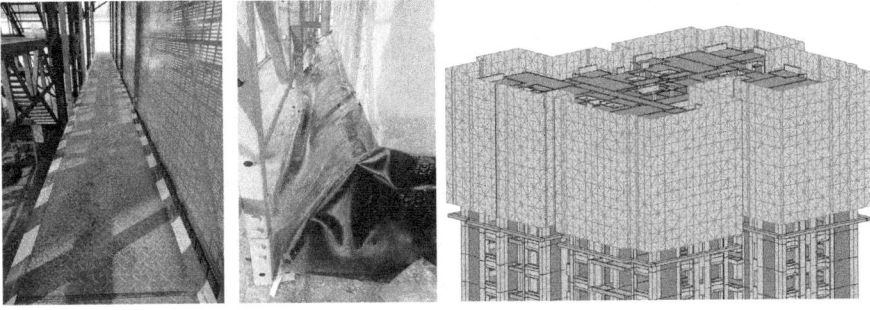

图 2-28　安装示意图

3. 系统使用介绍

适用于建筑工业化的系统由动力系统、支撑系统、防坠系统、外围护系统、中控系统组成，架体高宜采用 11m，覆盖结构 3.5 层（分别为预制构件安装层、铝模拆除层、外墙饰面层），脚手板为 4 道，最底部脚手板为定型钢板式脚手板，面覆 1.5mm 厚花纹钢板，其上三步均间距 3m，均为定型钢板网脚手板，第二至四步每步脚手板下设斜撑一道，外围护采用不小于 0.7mm 的钢板穿孔，穿孔率达 20% 以上。如图 2-29 所示。

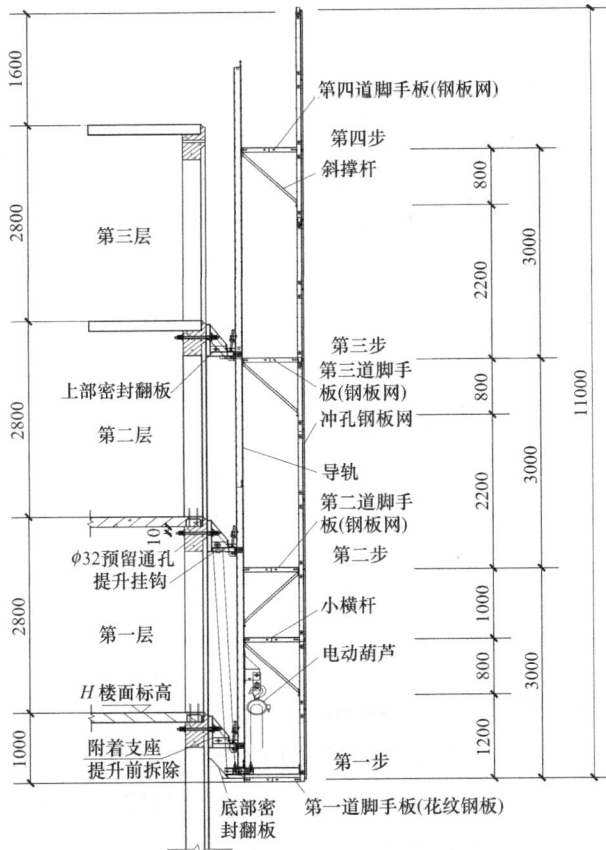

图 2-29　立面示意图

架体导轨上附着3个支座，升降过程中每机位处不少于2个支座，每个支座上均设有防坠器。支座上设有与导轨相配合的导向滚轮，导向滚轮与导轨的间隙为5mm，以此起到架体防倾作用。

2.2.3.2 装配工具式三角挂架工装系统

装配工具式三角挂架由角钢及安全网焊接而成，三角挂架通过螺栓（埋件）与预制外墙板连接，形成外墙围护。架体由模块模数化单元组成，各部件标准化；架体自重轻，构造简单；可在地面组装完毕后再提升也可分片跟随预制墙体同时提升。

1. 装配工具式三角挂架流程

流程图如图2-30所示。

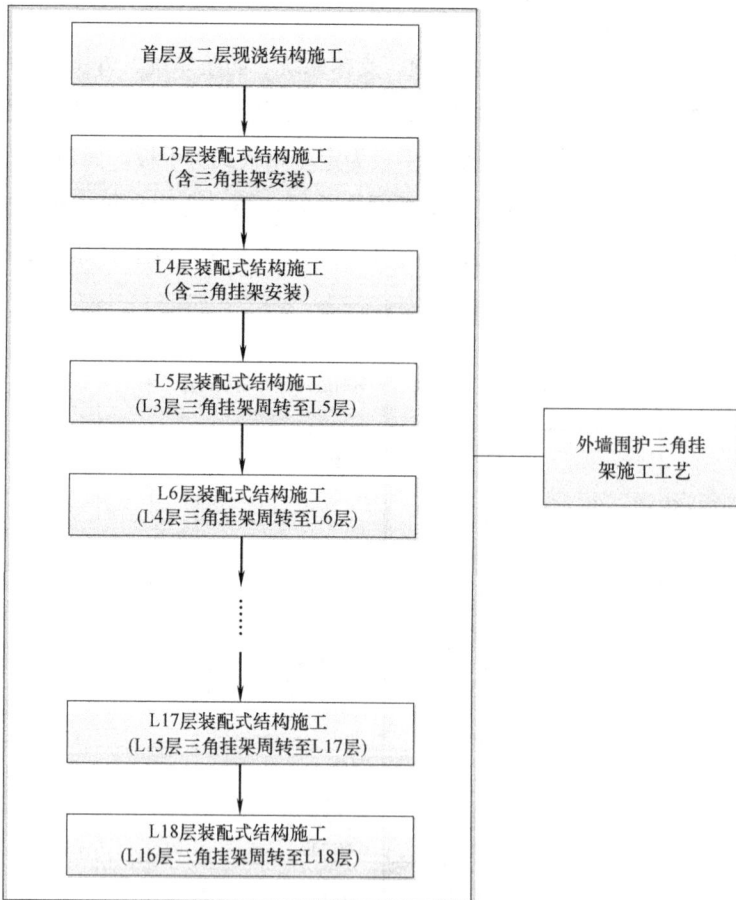

图 2-30 装配工具式三角挂架施工流程图

2. 装配工具式三角挂架系统使用介绍

预制剪力墙结构18层以下外墙围护宜采用装配工具式三角挂架施工，建议采用两套（即两层三角挂架），供现场施工流水作业使用；具体三角挂架设计及验算需根据项目具体情况而定，三角挂架设计及验算须体现在设计方案中。预制外墙板吊装前，在地面将三角挂架安装至预制外墙板上，安装完成后，三角挂架与预制外墙板一同吊装至楼层上，对楼层内施工人员起到安全围护作用。如图 2-31 所示。

图 2-31　装配工具式三角挂架立面示意图

2.2.3.3　附着式电动施工平台外围护系统

附着式电动施工平台由平台底座、驱动单元、立柱、平台梁、护栏、脚手板、伸缩脚手板、左右护栏等组成。允许搭设高度可达 180m，自由高度 6m，附墙最大间距 6m；平台宽度单柱 9.8m，双柱 30.1m；最大荷载单柱 15kN，双柱 36kN；升降速度 6m/min。

附着式电动施工平台外围护工装主要由平台底座系统、立柱系统、驱动单元系统、护栏系统组成，其各系统介绍如下：

1. 各系统安装流程

各系统安装流程如图 2-32 所示。

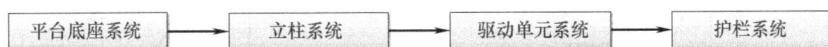

图 2-32　附着式电动施工平台安装流程图

2. 附着式电动施工平台使用介绍

附着式电动施工平台承载能力高，可以上下运送物料，双柱最高为 3.6t，单柱最高为 1.5t，可以将施工物料运送至作业面。自带可伸缩脚手板：标准伸缩程度 0.95m，遇结构伸缩变化时，可灵活进行伸缩防护，可以解决结构外立面凹凸变化的作业面问题。作业完成或停工期间可以将施工平台下降至地面，可以避免由于大风或恶劣天气对高空架体影响或造成的安全隐患。可以停留在任何高度位置：可以停留在立柱范围内的任何位置，让施工作业人员操作更加舒适，施工效率更高。具体详见图 2-33。

2.2.3.4　斜拉附着型钢悬挑脚手架施工技术

1. 斜拉附着型钢悬挑脚手架结构

斜拉附着型钢悬挑脚手架，室内无须搁置型钢，墙体不预留洞口，方便施工安

图 2-33　附着式电动施工平台示意图

排，钢梁端部设置端板，端板与悬挑型钢焊接连接，端板采用 2 个高强度螺栓固定在已有的主体结构边梁上（高强度螺栓的直径为 20mm，强度级别为 8.8 级）；悬挑型钢梁端部用钢拉杆上悬斜拉；悬挑型钢梁间用型钢连梁水平连接；然后搭设高度不大于 18m 的上部外墙脚手架，需进行专项设计，满足安全、承载力等要求，此架体施工操作简单，安全可靠，斜拉附着型悬挑脚手架结构如图 2-34 所示。

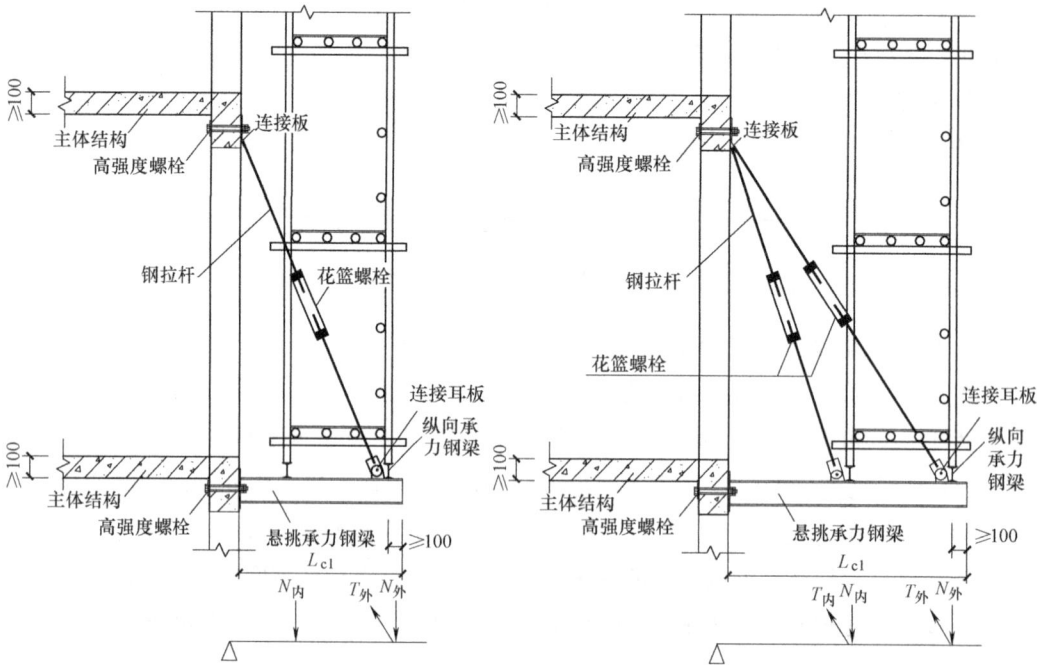

图 2-34　悬挑钢梁设置示意图

2. 斜拉附着型钢悬挑脚手架施工工艺流程及操作要点

（1）工艺流程

方案设计→附着悬挑钢梁及预埋构件加工制作→楼层梁、墙内预埋螺栓洞→安装悬挑钢梁→安装水平钢连梁→安装上悬钢筋斜拉杆→搭设悬挑架体。

在本流程中有几个时间点需要重点掌握，混凝土结构初期强度较低应避免安装脚手架，端板与结构梁螺栓分两次拧牢固，侧模拆除后安装悬挑钢梁，应控制在混凝土强度达到 50％时再受力，在上拉杆件未安装前悬挑架通过钢梁传递至结构梁及底部已搭设脚手架立杆。

（2）搭设悬挑架体

施工工艺：纵向扫地杆→立杆→横向扫地杆→小横杆→大横杆→剪刀撑→连墙件→铺木脚手板→扎防护栏杆→扎安全网。其施工方法及操作要点同普通型钢悬挑架，如图 2-35 所示。

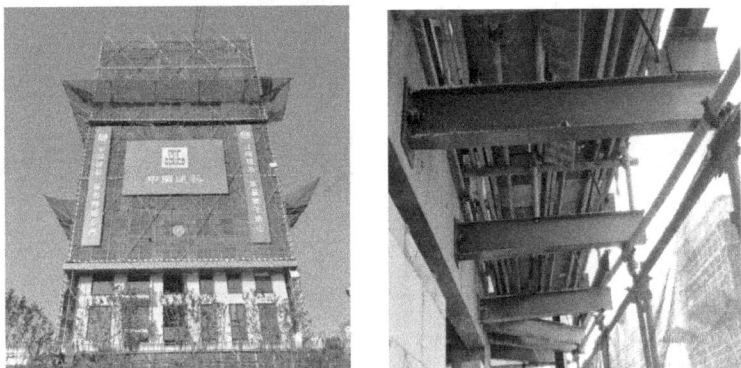

图 2-35　现场安装

2.2.3.5　门式钢管脚手架施工技术

1. 门式钢管脚手架结构

门式钢管脚手架结构如图 2-36 所示。

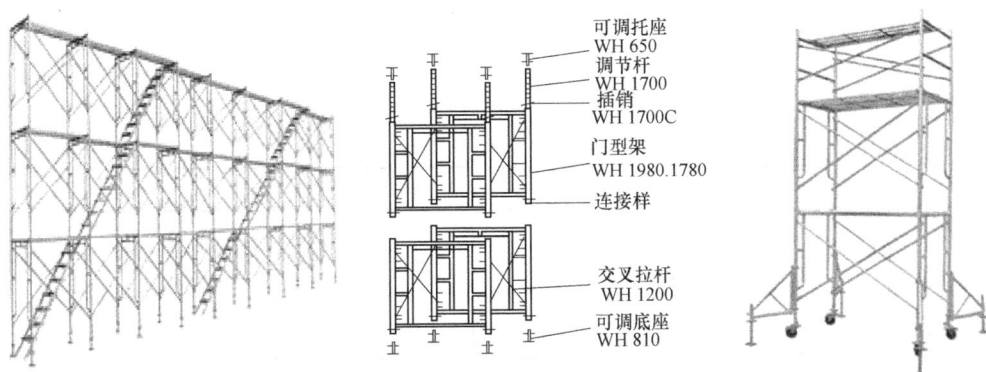

图 2-36　门式钢管脚手架结构图

门式钢管脚手架主要由主框、横框、交叉斜撑、连接棒、脚手板、可调底座等组成。门式脚手架具有装拆简单、移动方便、承载性好、使用安全可靠、经济效益好等优点。既能用作建筑施工的内外脚手架，又能用作楼板、梁模板支架和移动式脚手架等。

2. 门式钢管脚手架搭设工艺

门式钢管脚手架搭设工艺为：搭设准备→地基基础处理→安放垫板→安放底座→竖两榀单片门架→安装交叉杆→安装脚手板→安装钢梯→安装水平加固杆→照上述步骤，逐层向上安装→按规定位置安装剪刀撑→装配顶步栏杆→安装防护网。

安装示意如图 2-37 所示。

图 2-37　现场安装

2.3　装配式施工

2.3.1　装配施工测量控制

1. 测量仪器配置

测量仪器配置表如表 2-3 所示。

测量仪器配置表　　　　　　　　　　　表 2-3

简图	名称	型号	数量	用途	精度
	GPS 接收机	徕卡 GPS1230	3	测平面控制网、垂直控制网和高程的符合	±2.5mm+1ppm(静态)
	全站仪	徕卡 TPS400	1	平面控制网、高层控制网的测设、验收测量	2″ 2mm+2ppm

简图	名称	型号	数量	用途	精度
	电子经纬仪	DT-02L	1	测量放线	2″
	激光垂准仪	JZC-E20	1	内控网竖向投递	1/200000
	激光垂准仪	DZJ2	1	内控网竖向投递	1/45000
	数字水准仪	DNA03	2	沉降观测	往返测中误差 0.3mm
	水准仪	DSZ2	4	标高测量控制	±1mm/km
	50m 钢卷尺	6	6	高程传递	0.02
	大棱镜	—	3	控制网引测	—
	小棱镜	—	3	坐标测量	—

2. 施工流程

（1）测量流程如图 2-38 所示。

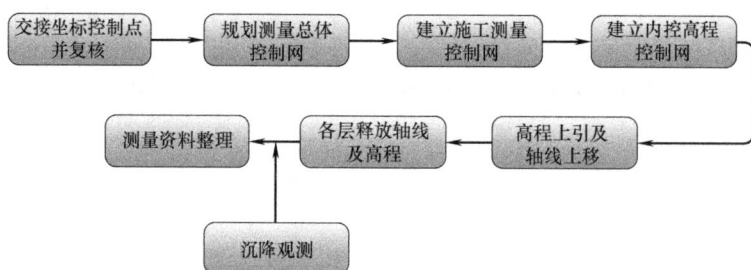

图 2-38　测量流程

（2）控制流程如图 2-39 所示。

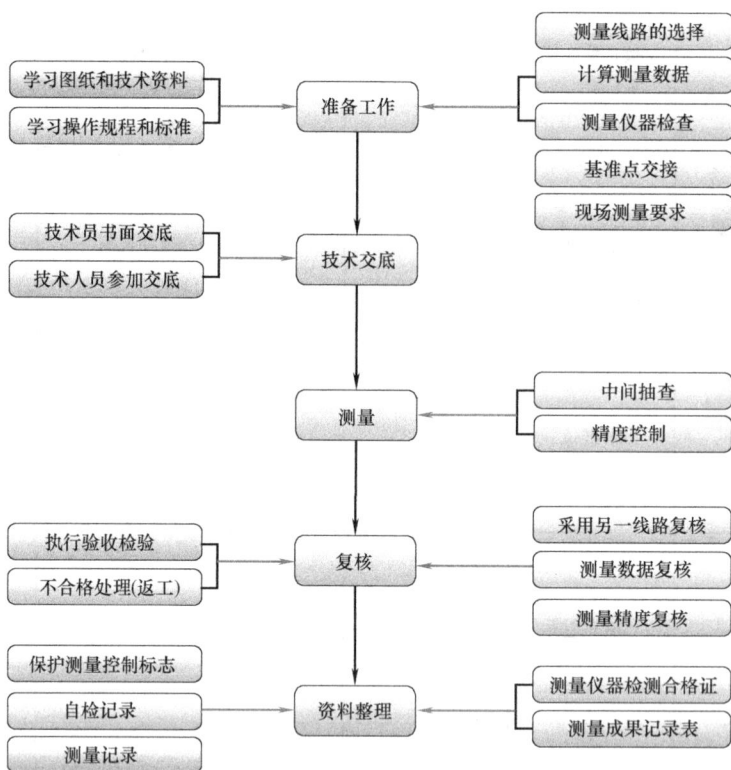

图 2-39　施工测量控制流程

　　平面控制网可按照"先整体后局部，高精度控制低精度，长边、长方向控制短方向、短边"的原则，由高到低设置三级控制网，各级控制网相互衔接，统一为整体系统。其中一级控制网为业主提供的基准控制点组成的控制网，二级控制网为依据一级控制点，引至基坑周边的二级平面控制点及引测至顶板的二级控制点。三级控制网即建筑轴线网，主要为施工时方便引测柱框线、门、洞边线及剪力墙和楼层梁位置时使用。

（3）平面控制网：

1）一级平面控制网：

一级平面控制网是各级平面控制网建立和复核的唯一依据，是土建、装饰装修、机电、沉降及变形观测施工测量的依据。一级平面控制由业主提供的平面控制点。一级平面控制点要求点位通视良好、便于施测、长期保存。

进场后在业主监理的主持下办理一级测量控制网的移交手续及进一步的复核确认。

控制点位置确定后，下一步就是做控制点标记，埋设标石。控制点一般由石料或钢筋混凝土制成，深埋到地面（在某些地基条件好的混凝土上可直接钉测量专用钉子）。在标石的顶面设有用不锈钢或其他不易锈蚀材料制成的半球状标志。如图 2-40 所示。

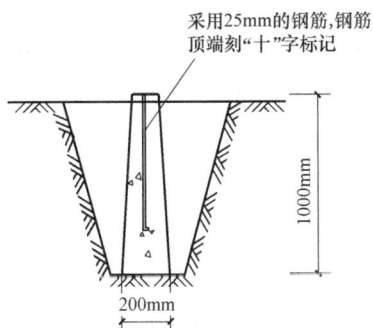

图 2-40　一级平面控制点的埋石和保护

① 一级平面控制网的主要技术要求

一级平面控制网的主要技术要求见表 2-4。

一级平面控制网的主要技术要求　　　　　　　　　　表 2-4

等级	导线长度（km）	平均边长（m）	测角中误差（"）	测距相对中误差	测回数	方位角闭合差	导线全长相对闭合差
一级	2.0	100～300	5	1/30000	3	$10\sqrt{n}$	≤1/15000

② GPS 定位复合

项目在进场之初需要对 GPS 一级控制网进行复核，以后定期联合复核一级控制网，确保施工精度。

复核采用 GPS 全球卫星定位系统进行，将数台 GPS 的观测结果经过软件处理后，可快速得到控制点的平面坐标，通过与理论值进行比较，分析一级平面控制点是否稳定。

依据工程进度定期（结构施工阶段每月一次）对一级控制点进行观测复核，并及时对破坏的控制点进行修复。一级平面控制网测设合格后，及时填写"施工测量放线报验单"及"工程定位测量记录"上报监理复查，并做好一级平面控制网的点位保护。

2）二级平面控制网：

二级平面控制网发挥承上启下的作用，依据一级平面控制网测设，并作为轴网平面控制网建立和校核的基准，为重要部位的施工放样提供基准。

二级平面控制网依据一级平面控制网和总平面布置图，必须点位通视、利于长期保存、便于施工放样，应将其布置在基坑支护外侧约 1.00m 处，定期复测校核，做好原始数据的记录。二级平面控制网根据一级平面控制网定期复核一次。

二级平面控制网的主要技术要求见表 2-5。

二级平面控制网的主要技术要求 表 2-5

内容	等级	边长相对中误差	测角中误差
要求	二级	1/15000	$15''\sqrt{n}$（n 为建筑物结构的跨数）

二级平面控制点埋设后必须对其进行保护，外侧用四根红白钢管做成护栏，钢管表面刷红白相间的油漆，防止施工机械和人员损坏。如图 2-41 所示。

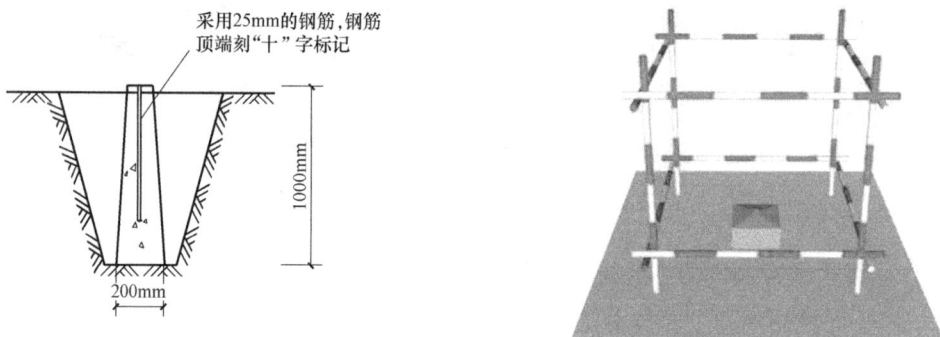

图 2-41　二级平面控制点的埋石和保护

3）三级平面控制网：

三级控制网以顶板上的二级控制点为基准点引测至楼层板上，用于楼层剪力墙、柱、梁等构件的定位测量。

4）对于建筑高度大于 100m 时，应制定方案并按方案转换平面控制网。

（4）高程控制网：

高程控制网按国家二等水准测量的要求布置及观测，采用数字水准仪进行往返测，联测测绘院提供的高程控制点，经过平差计算，精度符合规范要求后，向监理工程师报审，并保存好测量成果。考虑季节变化、环境影响以及其他不可知因素，定期对高程控制点进行复测。二等水准测量的主要技术指标见表 2-6。

二等水准测量的主要技术指标　　　　　　　表 2-6

等级	视线长度	前后视距差	前后视距累积差	环线闭合差
二级	≤30m	≤1.0m	≤3.0m	$4\sqrt{L}$（L 为环线水准路线长度，单位为 km）

1）基础阶段

向基坑内引测标高时，采用悬挂钢尺代替水准尺水准测量的方法，并对钢尺读数进行温度、尺长、拉力改正。首先联测高程控制点，经联测确认无误后，以高程控制网为依据，采用水准仪测设闭合水准路线，将高程引测到基坑施工面上，并做好标识。

基坑同一施工平面层上所引测的高程点，不得少于 3 个，并作相互校核，校核后三点的较差不得超过 3mm，取平均值作为该平面施工中标高的基准点。

考虑施工影响及其他因素，定期复测基坑内水准环路闭合差，当闭合差较大时重新引测基坑内的标高基准点。

2）主体结构

地上结构施工过程中，在首层楼面上，从高程控制网采用往返测把高程引测至塔楼外壁＋1.000m 处，红三角标志，作为向上引测高程基准点。每层所引测的高程点，不得少于 3 个，三点的较差不得超过 3mm 时，取平均值作为该楼层施工中标高的基准点。

一般以大约 45m 左右为一个垂直引测阶段，采用钢卷尺沿塔楼外壁向上引测，在施测的过程中必须施加标准拉力，且应进行温度、尺长改正。

为减少钢尺分段传递累计误差、以及风力对钢尺竖向量距的影响，采用全站仪天顶测距的方法结合特殊尺垫来复查 50m 钢卷尺向上引测的精度。

标高引测到施工层后，架水准仪将楼层结构标高引测在塔楼外壁处，弹线并标明标高值，作为该楼层高程放样依据。楼层土建、装饰装修、机电等施工标高根据楼层控制基准标高点测放。

测量放线是采用"内控法"，在首层的平面控制点上架设激光垂准仪 JZC-G20A（精度为 1/20 万），精确对中整平后，将平面控制点引测至正在施工平台上，架设全站仪，经过角度闭合检查、边长距离复核，采用坐标法放线，放出塔楼剪力墙的细部轴线。塔楼每施工 10 层需要用 GPS 复核控制点位置。示意图如图 2-42，图 2-43 所示。

① 在施工层平台上设置点位预留孔 200mm×200mm。

② 制作激光点位捕捉辅助工具，提高点位捕捉精度。激光点位捕捉辅助工具见表 2-7。

（5）各施工细部测量见表 2-8。

（6）变形观测：

1）变形观测水准点埋设

图 2-42　首层楼面平面控制点的做法

注：预埋钢板，打阳冲眼，标示轴线
中心点位置。

图 2-43　穿过楼层做法

注：平台上预留孔 200mm×200mm，用麻
线绷紧在铁钉上找中心点。

激光点位捕捉辅助工具　　　　　　　　　　　　　　表 2-7

透明塑料薄片，中间空洞便于点位标示。雕刻环形刻度	第一次接收激光点	蒙上薄片使环形刻度与光斑吻合
通过塑料薄片中间空洞捕捉第一个激光点在激光接收靶上	分别旋转铅直仪 90°、180°、270°用上述同样的方法捕捉到四个激光点	取四次激光点的几何中心即为本次投测的真正点位中心

各施工细部测量　　　　　　　　　　　　　　表 2-8

测量部位	测量方法
墙模板边线	根据控制轴线位置放样出墙柱的位置、尺寸线，用于检查墙、柱钢筋位置，及时纠偏，以利于大模板位置就位，再在其周围放出模板线 200mm 控制线，并放双线控制以保证墙的截面尺寸及位置。然后放出轴线，用以控制梁的位置
门窗、洞口位置	在放墙体线的同时弹出门窗洞口的平面位置，再在绑好的钢筋笼上放样出窗门洞口的高度，用油漆标注，放置窗体洞口成型模体。外墙门窗、洞口竖向弹出通线与平面位置校核，以控制门窗、洞口位置

测量部位	测 量 方 法
梁、板标高	待混凝土浇筑完成并达到一定强度后后,进行高程传递,用水准仪引测,在墙柱钢筋上用红油漆标出每层+0.500m点,用以控制梁板的底模板标高
外墙大角	待外墙拆完模后,沿大角处向内各量出 200mm,用经纬仪竖向放出通线,用以控制外墙转角模板位置,防止大角出现偏差。在大角模板的相应位置做出标记,待上层大角模板合模时,通线与标记一定要相吻合
电梯井施工	在结构施工中,在电梯井底以控制轴线为准弹测出井筒 300cm 控制线和电梯井中心线,并用红三角标识。在后续的施工中,每层都要根据控制轴线放出电梯井中心线,并投测到侧面上用红三角标识
预制构件	预制构件控制线由轴线引出,每一块(件)预制构件设置纵、横向控制线各 2 条

变形观测分为两个阶段:①基础施工阶段变形观测放于基础底板,地下室墙体。②主体施工阶段沉降观测放置在首层墙柱。

根据观测方案设置牢固的水准基点,作为变形观测后视,保证不受建筑物沉降影响,考虑永久使用,埋设要坚固隐蔽,并定期与市政水准点复核。具体埋设如图 2-44 所示。

2)观测点埋设

沉降观测点应按照地基基础设计规范中的各项要求进行布置,场地的水准点不得少于三个,且每边不少于 3 个,考虑永久使用,埋设要坚固隐蔽,并定期与市政水准点复核。观测点的详图见图 2-45。底板开始施工时,观测点位于地下室。周边布点,采用几何水准测量方法,使用精密水准仪配合铝合金标尺,进行沉降观测,沉降

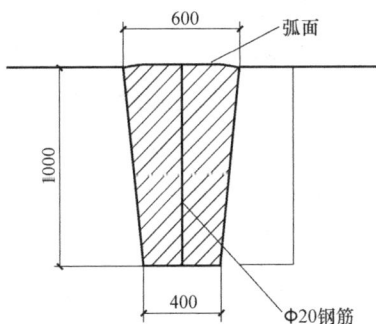

图 2-44　变形观测水准点埋设

观测网布设成闭合线路。观测时必须做到"四固定":即固定人员、固定仪器、固定观测线路、固定观测时间。地下室施工完毕后,在首层相应部位设置沉降观测点,进行地上部分沉降观测,将基础沉降量和地上部分沉降量进行累计,得最终沉降量。如图 2-45 所示。

3)沉降观测频率

未施工前,取得至少连续监测 3 次的稳定平均值。基坑开挖期间每天 1 次。地下室结构施工完成,待周边场地沉降稳定,再进行一次检测。主体结构每完成一个楼层的施工必须进行一次沉降观测,结构封顶后每月作一次观测,工程完成后每三个月作一次沉降观测,直到沉降趋于稳定方能停止观测,并将观测结果随时通知设计人员。

沉降是否进入稳定阶段,应由沉降量与时间关系曲线判定。在观测过程中,如有基础周围大量积水、长时间连续降雨及地下水位有较大变化等情况,均应及时增加观测次数。

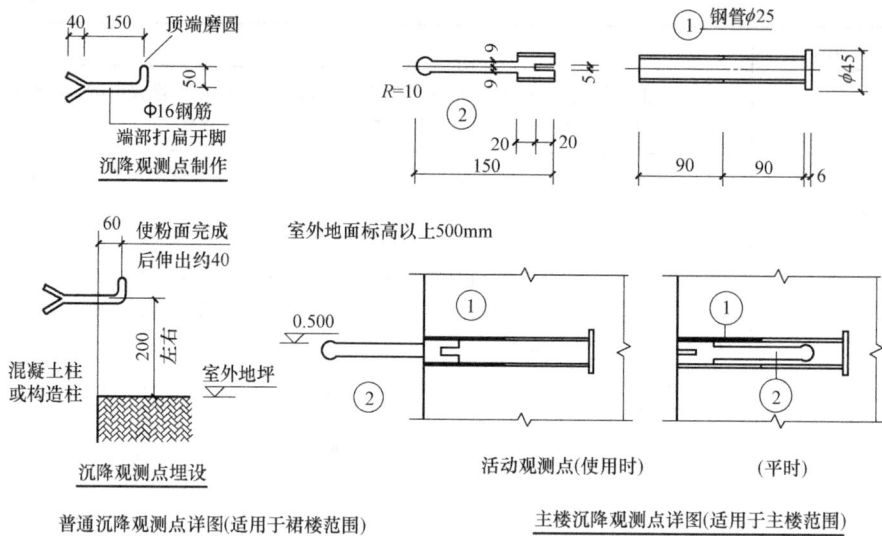

图 2-45　观测点埋设

4）沉降观测资料的整理

每次沉降观测后，应及时整理分析观测数据，绘制沉降量分布曲线图，编写沉降观测分析报告，并将观测结果报总承包技术管理部，同时作为竣工资料的一部分。基坑开挖后要进行基坑隆起情况的测绘。沉降观测成果应包括：

① 沉降观测成果表；

② 沉降观测点位分布图及各周期沉降展开图；

③ $v\text{-}t\text{-}s$（沉降速度、时间、沉降量）曲线图；

④ 沉降观测分析报告。

5）基坑变形观测

工程在前期单位完成基坑支护后进场施工，整个基坑包含地下室，基坑外围有基坑支护，地下室外墙土方回填后应按照基坑支护设计说明要求和《建筑基坑工程监测技术标准》GB 50497 等规范进行基坑水平及竖向位移的监测，并与第三方监测单位监测数据对比，确保地下室施工过程中基坑的安全。

（7）测量精度控制措施：

根据工程特点制定的测量允许偏差如下：

1）场外控制网允许偏差如表 2-9 所示。

场外控制网允许偏差　　　　　　　　　　　　　　表 2-9

级别	相邻点基线分量中误差		相邻点间平均距离（km）
	水平分量（mm）	垂直分量（mm）	
B	5	10	50

2）场内控制网允许偏差如表 2-10 所示。

场内控制网允许偏差　　　　　　　　　　表 2-10

项　目	允 许 误 差
测角中误差	±8″
边长相对中误差	1/14000

如工程主楼均为高层建筑，主楼二级控制网 100m 使用全站仪校核。

3）高程总控制网允许偏差如表 2-11 所示。

高程总控制网允许偏差　　　　　　　　　　表 2-11

等级	视线长度	前后视距差	前后视距累积差	视线高度	往返较差、附合或环线闭合差
二等	≤50m	≤1.0m	≤3.0m	≥0.5m	$4\sqrt{L}$

4）楼层轴线投射允许偏差如表 2-12 所示。

楼层轴线投射允许偏差　　　　　　　　　　表 2-12

主轴线间距	允许偏差（mm）
相临轴线	±3
$L\leq30m$	±5
$30m<L\leq60m$	±10
$60m<L\leq90m$	±15
$L>90m$	±20

5）楼层标高抄测允许偏差如表 2-13 所示。

楼层标高抄测允许偏差　　　　　　　　　　表 2-13

高度 H	允许偏差（mm）
每层	±3
$H\leq30m$	±5
$30m<H\leq60m$	±10
$60m<H\leq90m$	±15
$H>90m$	±20

2.3.2 通用部品部件装配施工

2.3.2.1 楼板类

1. 构件的基本种类

楼板类构件主要包括混凝土预应力带肋叠合板、混凝土钢筋桁架叠合板、钢筋桁架楼承板、混凝土预应力空心板、混凝土预制双 T 板、混凝土预制阳台板、混凝土预制空调板等。

2. 施工流程

定位放线→支撑布设→预制板吊运→预制板安装→预制板校正定位→预制板固

定→预留预埋施工→叠合层钢筋绑扎→隐蔽验收→混凝土浇筑。

3. 预制楼板安装应符合下列要求

（1）安装前应编制施工方案，采用可调工具式支撑系统。首层支撑架体的地基必须坚实，架体必须有足够的强度、刚度和稳定性。

（2）构件安装前应对所有人员进行安全技术交底，特殊工种需持证上岗。

（3）预制楼板安装前，应复核预制板构件端部、侧边的控制线，根据施工方案搭设板支撑，严格控制支撑间距及标高。

（4）预制叠合楼板吊装顺序依次铺开，不宜间隔吊装。

（5）相邻叠合楼板间拼缝、预制楼板与预制墙体拼缝应符合设计要求并有防止裂缝的措施。施工集中荷载或受力较大部位应避开拼接位置。

（6）预留预埋应严格控制标高，严禁擅自剔凿开孔。

4. 主要施工工艺

（1）预制板定位放线

墙体安装完成后，依据施工方案放出独立支撑定位线，并安装支撑，同时根据叠合板分布图及轴网，在墙体上放出板缝位置定位线，板缝定位线允许误差±10mm。

（2）搭设板底支撑

叠合板安装前，在已安装好的墙体上根据标高用水泥钉安装 100mm 宽板条或角钢（图 2-46），板条顶面与板底标高一致，既用来控制板底标高，又用来封堵叠合板与墙或梁相交处的板缝，防止漏浆，如图 2-47 所示。

(a) 安装100mm宽板条　　　　　(b) 安装角钢

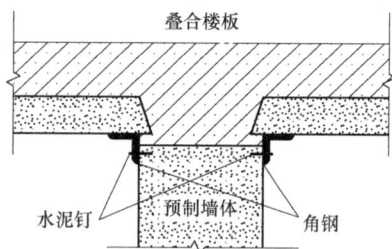

图 2-46　用水泥钉安装 100mm 宽板条或角钢

根据承受混凝土构件的自重和施工过程中所产生的最大荷载及最不利工况风荷载，布设具有足够承载力、刚度和稳定性的支撑体系。上下层支撑立杆应在同一直线上，支撑立杆下方应铺 50mm 厚木板。

常用的支撑体系一般有独立支撑、单排连续支撑及网格支撑（四点或六点）。采用独立支撑时，独立支撑下部应有三脚支架，上部有可调顶托，并满足承载力设计要求，如图 2-48 所示。

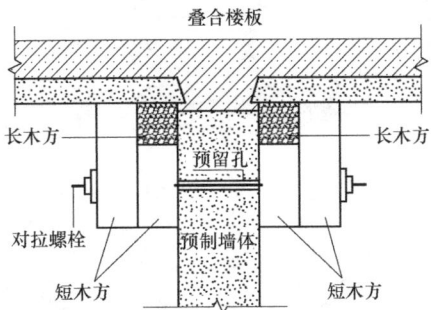

图 2-47　用对拉螺栓固定木方

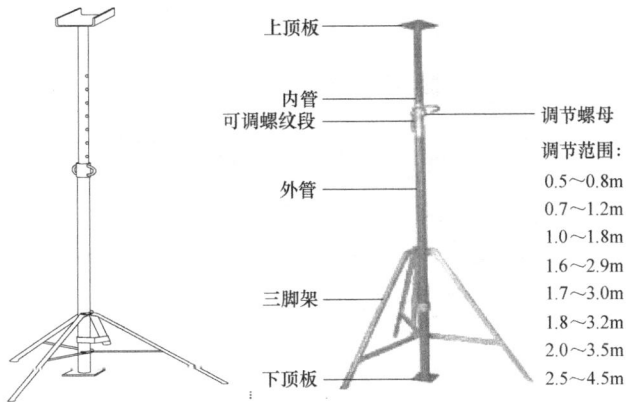

图 2-48　叠合板三脚架独立支撑

1）密拼叠合板支撑体系

密拼叠合板支撑体系按房间分别布置，板底龙骨在房间内通长设置，每根龙骨可支撑一块叠合板，也可同时支撑多块叠合板，具体布设方法需根据计算确定。

2）留后浇板带叠合板支撑体系

叠合板间留有后浇板带的支撑体系中叠合板支撑与后浇板带支撑需分别设置。每块叠合板至少设置四根独立支撑及两根龙骨，龙骨长度不得超过板宽；后浇板带需单独设置支撑架体，如图 2-49 所示。具体布设方法需根据计算确定。

独立支撑及龙骨安装完成后，根据控制线调整独立支撑顶部龙骨高度至叠合板底标高，龙骨安置方向应垂直于叠合板桁架筋。

（3）预制板吊运

支撑体系搭设完毕后，将叠合板直接从构件存放点或构件运输车上挂钩起吊至操作面，如图 2-50 所示。

叠合板吊装采用专用框式吊架，常用框式吊架为 2600mm×900mm，吊耳采用 20mm 厚钢板，架体为 H 型钢 250×125×6×9。吊索配置滑轮组（4 个定滑轮、6 个动滑轮），以实现叠合板起吊后的自平衡，如图 2-51、图 2-52 所示。

图 2-49 留后浇板带叠合板支撑体系

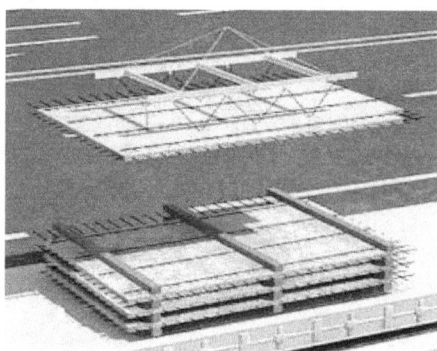

图 2-50 叠合板吊装示意图

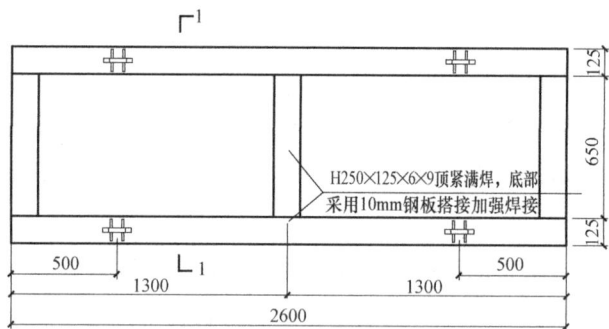

图 2-51 框式吊架平面图

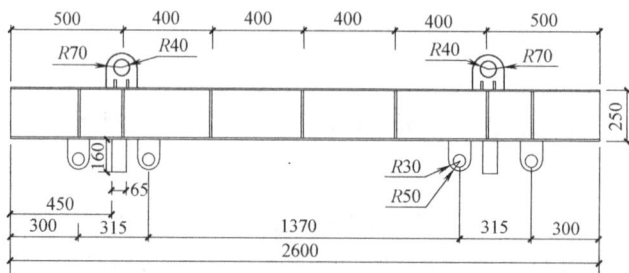

图 2-52 框式吊架立面图

框架式吊架应根据吊装工况进行设计制作，并经验收合格后方可使用，特殊情况应进行荷载试验后使用。框架吊架如图 2-53 所示，单梁可调式吊架如图 2-54 所示。

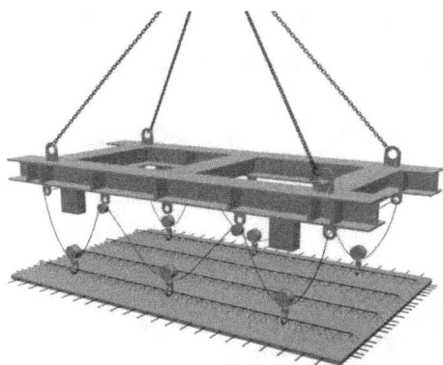

图 2-53　框架吊架示意图　　　　　　　　图 2-54　单梁可调式吊架示意图

预制底板起吊时，对跨度小于 8m 的可采用 4 点起吊，跨度大于或等于 8m 的应采用 8 点起吊，吊点位置距板边的距离为整板长的 1/5～1/4，吊钩应钩住钢筋桁架上弦与腹筋交接处。

（4）预制板安装

预制叠合板吊运至作业层上空 300～500mm 处停止降落，稳住叠合板，调整板位置使板锚固筋与梁箍筋错开，根据梁、墙顶垂直控制线和下层板面上的控制线，引导叠合板缓慢降落至支撑上方，如图 2-55 所示。及时检查板底与预制叠合梁或剪力墙的接缝是否准确定位，出筋叠合板伸出钢筋深入墙长度是否符合要求，微调顶托，确保起拱到位，受力均匀。

图 2-55　预制楼板安装

（5）预制板校正定位

根据预制梁、墙体上水平控制线和竖向板缝定位线，校核预制楼板水平位置及竖向标高情况，通过调节竖向独立支撑，确保预制楼板满足设计标高要求；通过撬棍（撬棍配合垫木使用，避免损坏板边角）调节预制楼板水平位移，确保楼板满足设计图纸水平分布要求（预制楼板与墙体搭接 10mm），预制楼板平整度、相邻楼板平整度误差均需满足相关要求，如图 2-56 所示。

调整完毕后采用铅垂仪和靠尺进行检测，如超出质量控制要求，或偏差已影响到下一块预制楼板的吊装，需对预制楼板进行重新起吊落位，直到满足要求为止。

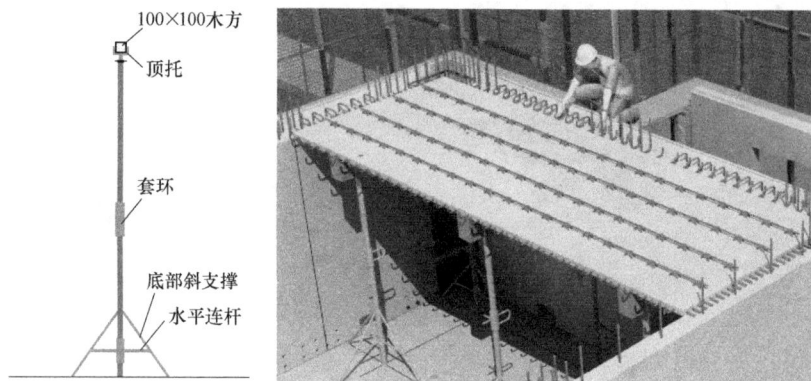

图 2-56　预制板调整定位

（6）预制板固定

将独立支撑立杆锁紧，固定预制板位置。

（7）预制叠合板钢筋绑扎

预制叠合板钢筋绑扎同现浇结构施工，连接钢筋的绑扎按设计要求进行，且满足施工技术规范，安装附加钢筋应根据设计图纸（或构造节点）要求设置，位置准确，焊接满足技术规范及验收标准。

要注意预埋固定上层预制柱（或预制墙体）临时斜支撑的预埋件。埋设要求如下：

在绑扎楼板钢筋时，根据施工图纸、轴线控制线放好预制柱（或预制墙体）斜撑接驳器埋件的位置，将埋件与楼板钢筋焊接，为保证其牢固性，应增加相应的加强筋。埋件焊接完成后，在后续施工和楼板混凝土浇筑过程中，施工人员应注意保护，防止碰撞埋件造成移位，以便与斜撑对接。

（8）预制叠合板混凝土浇筑

在混凝土浇筑前，校正预制构件的外露钢筋，外伸预留钢筋伸入支座时，预留筋不得弯折。

预制叠合板混凝土浇筑同现浇结构施工。

5. 预制阳台板安装应符合下列要求

（1）预制阳台板安装前，测量人员根据阳台板宽度，放出竖向独立支撑定位线，并安装独立支撑，同时在预制叠合板上，放出阳台板控制线。

（2）按照独立支撑定位线搭设独立支撑，如图 2-57 所示。并根据标高控制线调整龙骨至板底标高。

（3）核对阳台板型号及外观质量满足要求后开始吊装，一般采用预埋吊环并

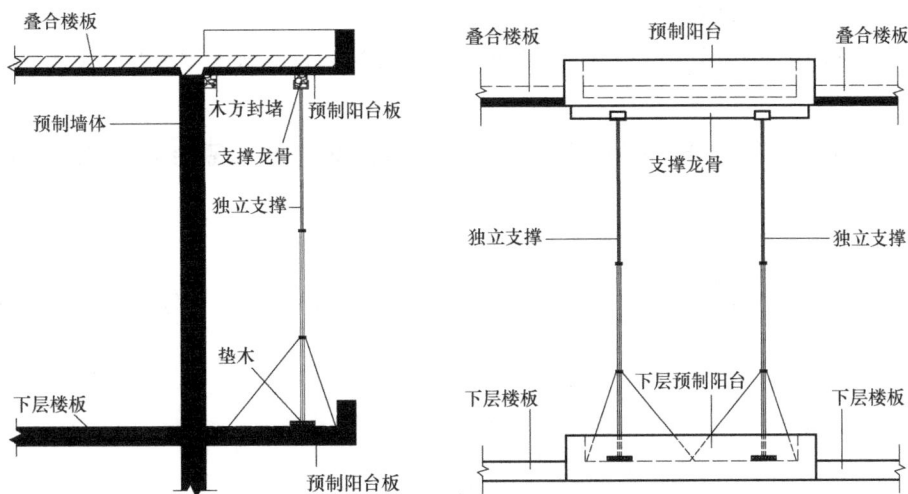

图 2-57 预制阳台板支撑

通过吊架进行四点起吊（吊点高低不同时，低处吊点采用葫芦进行拉接，起吊后调平，落位时采用葫芦进行标高调整），如图 2-58 所示。确认卸扣连接牢固后缓慢起吊。

图 2-58 预制阳台板吊运

图 2-59 预制阳台板安装

（4）当预制阳台板吊装至作业面上空 500mm 时，减缓降落，由专业操作工人稳住预制阳台板，根据预制阳台板上控制线，引导降落至独立支撑上，如图 2-59 所示。根据墙体上水平控制线、预制阳台板安装控制线，通过调节竖向支撑，确保预制阳台板满足标高要求；通过撬棍（撬棍配合垫木使用，避免损坏板边角）调节预制阳台板水平位置，确保预制阳台板满足设计要求。

（5）预制阳台板定位完成后，将阳台板钢筋与叠合板钢筋焊接固定（需满足单面焊 10d 或双面焊 5d），预制构件固定完成后，方可摘除吊钩。

（6）阳台板叠合板就位并校核完成后，铺设机电管线，并进行叠合板上铁钢筋绑扎。

（7）叠合面上铁钢筋验收合格后进行混凝土浇筑。

（8）阳台板与墙体接缝和预制叠合板与墙体接缝处理方法相同。

6. 预制空调板安装应符合下列要求

（1）预制空调板吊装时，板底应采用临时支撑措施，临时支撑设置同预制阳台板施工。

（2）预制空调板与现浇结构连接时，预留锚固钢筋应伸入现浇结构部分，并应与现浇结构连成整体。

（3）预制空调板采用插入式吊装方式时，连接位置应设预埋连接件，并应与预制外挂板的预埋连接件连接，空调板与外挂板交接的四周防水槽口应嵌填防水密封胶，如图 2-60 所示。

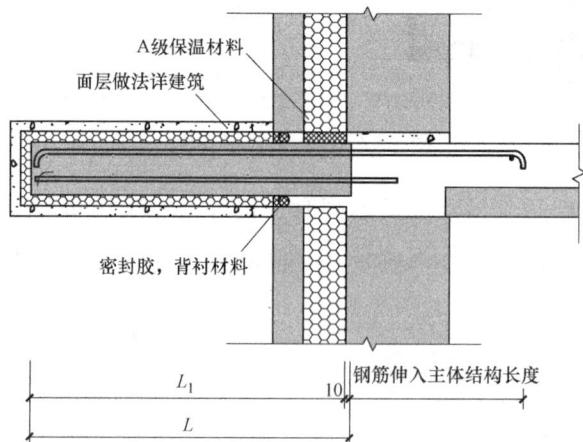

图 2-60　空调板接缝

2.3.2.2 楼梯类

1. 构件的基本种类

楼梯类构件主要有预制混凝土楼梯、钢楼梯。

本节主要介绍预制混凝土楼梯装配施工工艺。

混凝土预制楼梯节点示意图如图 2-61、图 2-62 所示。

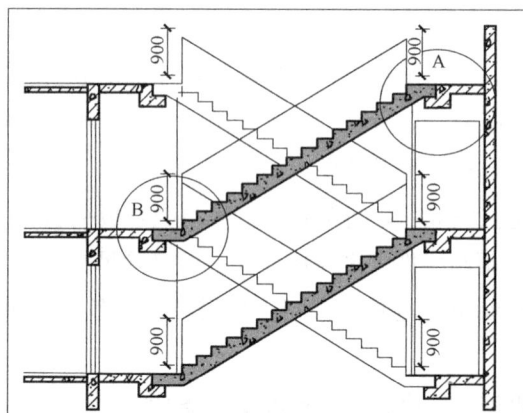

图 2-61　预制楼梯剖面图

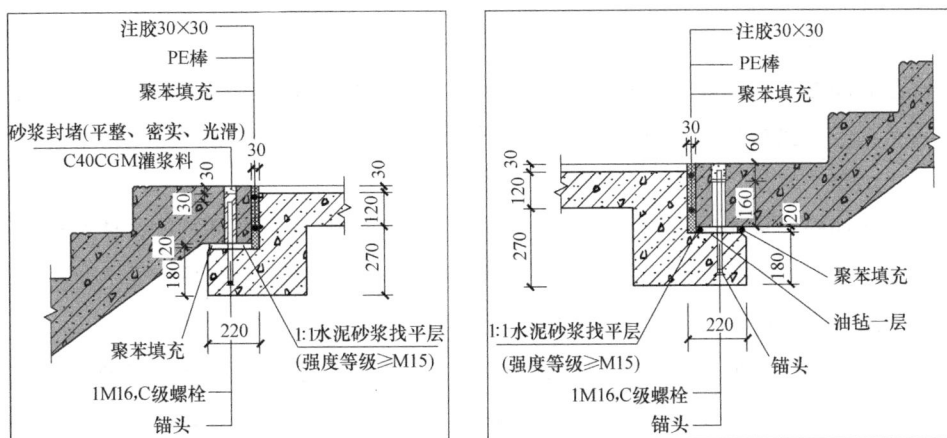

图 2-62　预制楼梯节点图

2．施工流程

预制楼梯放线→垫片及坐浆料施工→预制楼梯吊运→预制楼梯安装→预制楼梯校正→预制楼梯固定→预制楼梯塞缝→预制楼梯灌浆→预制楼梯成品保护。

3．预制楼梯安装应符合下列要求

（1）楼梯安装前应编制施工方案，并对所有施工人员进行安全技术交底，特殊工种需持证上岗。

（2）预制楼梯安装前应复核楼梯的控制线及标高，并做好标记。

（3）仅有梯段楼梯安装时不设支撑，带休息平台的楼梯安装时需设支撑，支撑宜采用不少于四点的支撑体系，并且应有足够的强度、刚度及稳定性，楼梯就位后调节支撑立杆，确保所有立杆全部受力。

（4）预制楼梯安装位置应准确。采用预留锚固钢筋方式安装时，应先放置预制楼梯，再与现浇梁或板浇筑连接成整体，并保证预埋钢筋锚固长度和定位符合设计要求；当预制楼梯与现浇梁或板之间采用预埋件焊接或螺栓杆连接方式时，应先施工现浇梁或板，再搁置预制楼梯进行焊接或螺栓孔灌浆连接。

4．主要施工工艺

（1）预制楼梯放线

1）休息平台控制线

楼梯间周边梁板叠合层混凝土浇筑完工后，在上下休息平台各弹出两道距侧边 200mm 的控制线，并弹出距预制楼梯构件安装端部 200mm 控制线，如图 2-63 所示。

2）楼梯构件控制线

图 2-63　楼梯控制线

在楼梯构件上分别弹出距侧边及端部 200mm 控制线。

（2）垫片及坐浆料施工

检查竖向连接钢筋，针对偏位钢筋进行校正后，在梯梁面放置钢垫片，并铺设细石混凝土找平。垫片尺寸：1mm、3mm、5mm、10mm、20mm。

（3）预制楼梯吊运

预制楼梯一般采用四点起吊，配合捯链下落就位调整索具铁链长度，使楼梯段休息平台处于水平位置，试吊预制楼梯板，检查吊点位置是否准确，吊索受力是否均匀等，试起吊高度不应超过 1m，如图 2-64 所示。

吊装前核对楼梯型号、尺寸，检查无误后，由挂钩人员将吊具挂钩与楼梯预留挂钩位置连接后，撤离至安全区域，起吊处信号工确认构件四周安全后进行试吊，指挥缓慢起吊，起吊至距离地面 0.5m 左右时，停止起吊，确认塔式起重机起吊装置安全、连接牢固后，继续起吊，运至待安装楼层。

图 2-64 预制楼梯吊运示意图

（4）预制楼梯安装

待墙体下放至距楼面 300～500mm 处，由专业操作工人稳住预制楼梯，根据水平控制线缓慢下放楼梯，对准预留钢筋，安装至设计位置，如图 2-65 所示。

图 2-65 预制楼梯安装示意图

（5）预制楼梯校正

根据已放出的楼梯控制线，将构件根据控制线精确就位，先保证楼梯两侧准确就位，再使用水平尺和倒链调节楼梯水平。

（6）预制楼梯固定

预制楼梯采用上端固定铰、下端滑动铰的连接方式。上端采用螺栓锚头与平台梁固定。

（7）预制楼梯塞缝

用高强度坐浆料封堵预制楼梯底部及侧面缝隙，确保灌浆过程中不漏浆。

（8）预制楼梯灌浆

楼梯板固定后，在预制楼梯板与休息平台连接部位采用灌浆料进行灌浆，灌浆要求从楼梯板的一侧向另外一侧灌注，待灌浆料从另一侧溢出后表示灌满。

（9）预制楼梯成品保护

楼梯施工完毕后，需及时对塞缝、灌浆进行养护，对踏步棱角采取保护，并设置安全防护措施。

2.3.2.3　墙体类

1. 构件的基本种类

通用墙体构件一般为非承重预制混凝土实心墙、预制混凝土女儿墙。

2. 施工流程

基础清理及定位放线→清理找平→预留钢筋位置校正→预制墙体吊运→预制墙体安装→支撑安装→校正→支撑固定→封堵→套筒灌浆→连接节点钢筋绑扎→连接节点封模→连接节点混凝土浇筑→接缝防水施工。

3. 预制墙体安装应符合下列要求

（1）墙体安装前应编制施工方案，并对所有人员进行安全技术交底，特殊工种需持证上岗。

（2）预制墙体安装时，按先外后内，按吊装方案制定的顺序依次吊装，墙体吊装时宜设置缆风绳，便于缓慢就位。

（3）预制墙体安装时应设置底部限位装置，每件预制墙体底部限位装置不少于 2个，间距不宜大于 2.5m。

（4）预制墙体安装应设置临时斜撑，支撑点位置距离底板不宜大于墙高的 2/3，且不应小于墙高的 1/2，斜支撑的预埋件安装、定位应准确。

（5）临时固定措施的拆除应在预制构件与结构可靠连接，且装配式混凝土结构能达到后续施工要求后进行。

（6）预制墙体安装过程应符合下列规定：

1）构件底部应设置可调整接缝间隙和底部标高的垫块；

2）根据施工方案确立的坐浆方案进行坐浆及封堵施工；

3）预制墙体拼缝校核与调整应以竖缝为主，横缝为辅；

4）预制墙体阳角位置相邻的平整度校核与调整，应以阳角垂直度为基准。

4. 主要施工工艺

（1）基础清理及定位放线

在楼板上根据图纸及定位轴线放出预制墙体定位边线及200mm控制线，同时在预制墙体吊装前，在预制墙体上放出建筑1000mm水平控制线及轴线控制线，便于预制墙体安装过程中精确定位，如图2-66所示。

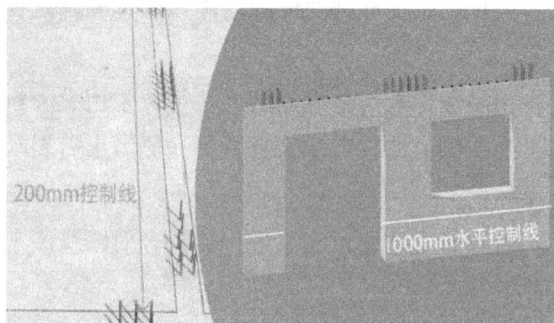

图 2-66 墙体控制线示意图

（2）清理找平

放线完成后，凿除浮浆，露出粗骨料，冲洗干净。

通过设置钢垫片，或者预埋螺杆等，控制墙体标高。支撑垫片或预埋螺杆应设置在结合面中轴线两个以上的点上，保持足够的间距，如图2-67所示。

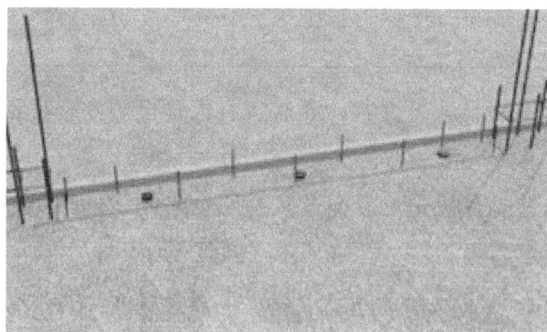

图 2-67 标高测量、垫片固定、标高复测

（3）预留钢筋位置校正

1）底层预留钢筋施工工艺操作流程：

预留筋加工→初步确定预制墙位置→预留钢筋安装→预留钢筋验收与固定→安装定位钢板→定位钢板验收与固定→底层节点混凝土浇筑。

2）预留钢筋位置校正要点

预留钢筋应符合设计要求的规格、型号、数量和尺寸。

混凝土浇筑前要用定位钢板再次对预留钢筋进行校核，合格后方可进行混凝土浇筑。

节点混凝土浇筑完成后，需及时校核预留钢筋的位置、长度、垂直度、标高等，对超差部位及时进行修正，确保钢筋位置准确。

定位钢板开孔孔径宜比钢筋直径大 5mm，如图 2-68 所示，以保证预留钢筋的位置偏移量不大于±10mm。如有偏差按 1∶6 进行冷弯校正，如图 2-69 所示。特殊情况经设计允许可重新植筋。

图 2-68　钢筋定位卡具示意图

图 2-69　钢筋偏位校正

（4）预制墙体吊运

预制墙体宜采用专用吊梁（即模数化通用吊梁）进行吊装，专用吊梁由 H 型钢焊接而成，下方设置专用吊钩，如图 2-70 所示，用于悬挂吊索，进行不同类型预制墙体的吊装，吊梁应根据起吊构件重量进行设计计算，验收合格后使用，必要时应进行荷载试验后方可使用。

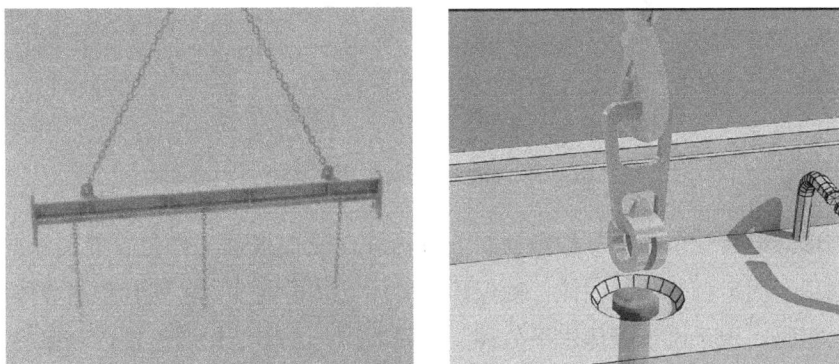

图 2-70　预制墙体专用吊梁、吊钩

吊装前核对墙体型号、尺寸，检查无误后，由挂钩人员将吊具挂钩与墙体预留挂钩位置连接后，撤离至安全区域，起吊处信号工确认构件四周安全后进行试吊，指挥缓慢起吊，起吊至距离地面 0.5m 左右时，停止起吊，确认塔式起重机起吊装置安全、连接牢固后，继续起吊，运至待安装楼层，如图 2-71 所示。

图 2-71　预制墙体起吊示意图

图 2-72　墙体安装定位示意图

（5）预制墙体安装

利用缆风绳缓慢将墙体下放至距楼面 0.5m 处，根据预先定位的导向架及控制线微调，微调完成后缓慢下放。由两名专业操作工人手扶引导降落，降落至距钢筋顶端 100mm 时，再次减缓降落速度引导对孔，直至钢筋全部插入灌浆套筒内，如图 2-72 所示。

（6）支撑安装

支撑包括斜向支撑（图 2-73）和七字码（图 2-74）。

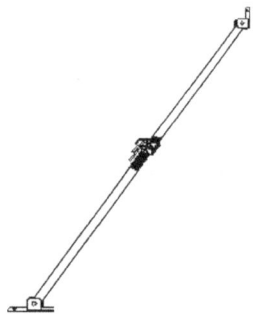

图 2-73　预制墙体斜支撑示意图

预制墙体吊装就位后，先根据预制墙体预埋件及楼板预埋件位置安装斜向支撑，斜向支撑用于固定调节预制墙体，确保预制墙体安装垂直度；再安装预制墙体底部限位装置七字码，用于调节墙体水平位移，加固墙体与主体结构的连接，确保后续灌浆与暗柱混凝土浇筑时不产生位移。

推荐采用一道斜支撑的支撑方式，如地方政府有要求的遵循地方要求。

（7）校正

1）标高校正

预制外墙吊装前在墙体内侧弹出建筑 1000mm 控制线；

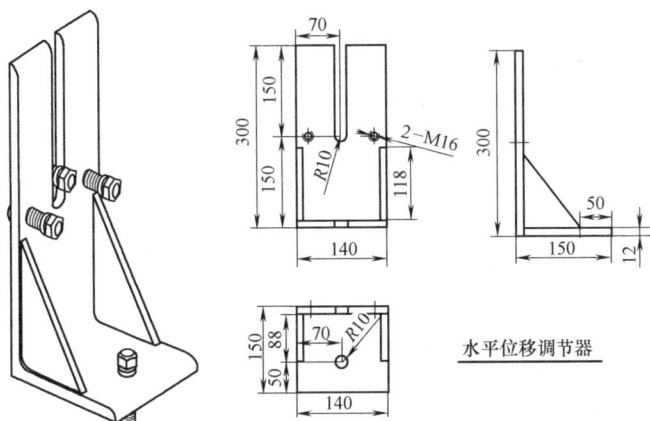

图 2-74　七字码

预制墙体吊装完成后墙体上口内侧标高通过调节钢垫片进行标高校正。

2）垂直度校正

利用靠尺校核其垂直度，通过调节斜向支撑，确保构件的垂直度达到允许误差范围之内，如图 2-75 所示。

3）水平位置校正

墙体水平位置主要通过七字码进行调节，七字码由钢板及螺母焊接而成，装配现场使用时与螺栓配套使用，通过调节螺栓与七字码相对位置实现预制承重构件水平位移，确保墙体的水平位置达到允许误差范围之内。

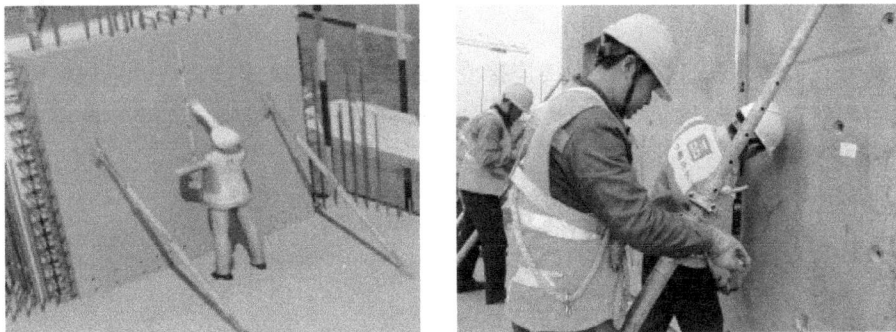

图 2-75　预制墙体校正

（8）支撑固定

预制墙体位置校核无误后，调紧斜支撑限位调节装置，固定七字码调节螺栓。

（9）套筒灌浆

见灌浆施工部分。

（10）连接节点钢筋绑扎

1）预制剪力墙水平连接节点

预制墙板水平连接节点，可采用连接区段长度不大于 600mm 的连接节点（根据

《装配式建筑评价标准》GB/T 51129—2017 现浇节点长度不大于 600mm 时，现浇节点可计入预制混凝土体积），预制构件水平筋出筋及现浇节点水平筋应便于构件吊装及方便现场钢筋绑扎，如图 2-76 所示。

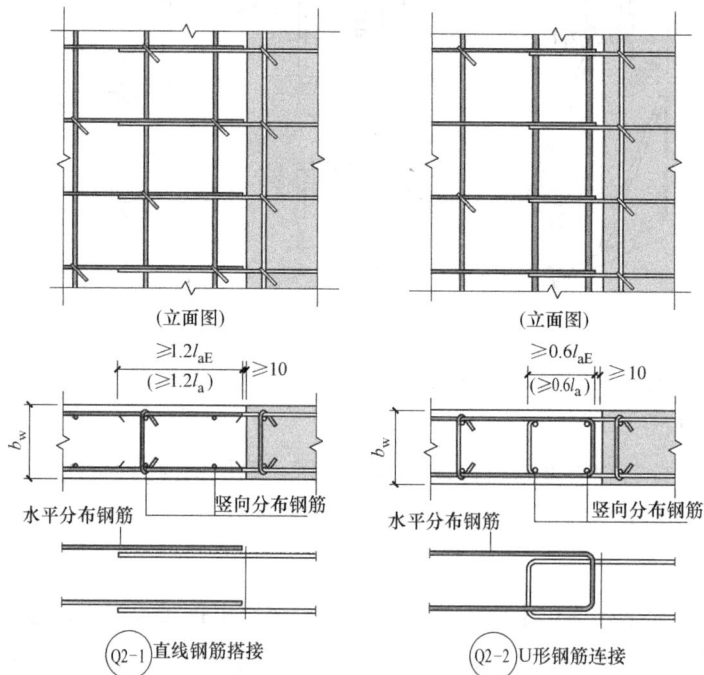

图 2-76 预制墙体连接区水平连接节点

2）预制剪力墙边缘构件连接节点

后浇剪力墙边缘构件可采用搭接连接或Ⅰ级接头直螺纹连接，若后浇剪力墙边缘构件纵向钢筋采用Ⅰ级接头直螺纹连接，接头区域则应高出楼板面 150，且接头不需错开，如图 2-77、图 2-78 所示。

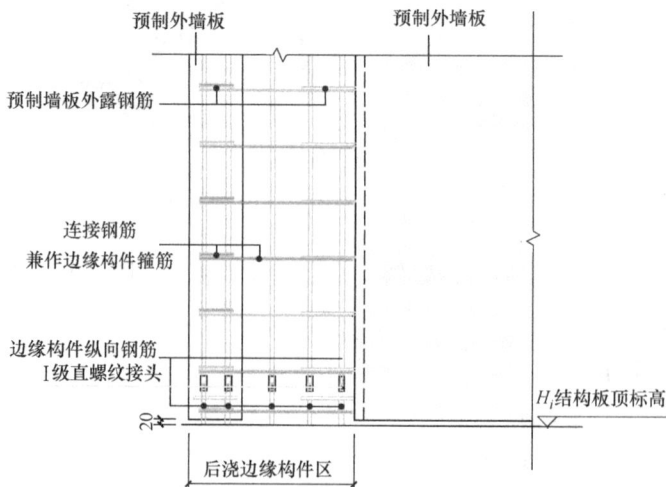

图 2-77 后浇边缘构件区配筋示意图

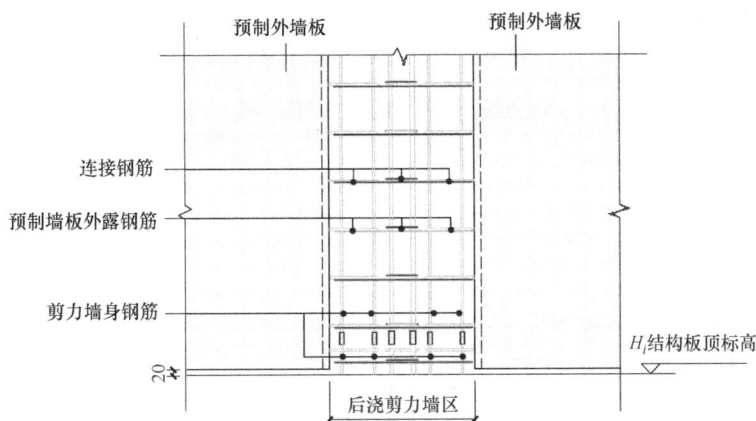

图 2-78　后浇剪力墙区配筋示意图

3）钢筋绑扎施工工艺

① 预制外墙后浇部分钢筋绑扎：

施工前将预制外墙钢筋调直，方便墙柱底部箍筋的绑扎。

预制外墙吊装后，先将下端三道箍筋（开口或闭口箍）按照箍筋间距沿甩筋依次排列，并与墙柱纵筋钢筋绑扎固定，如图 2-79 所示。

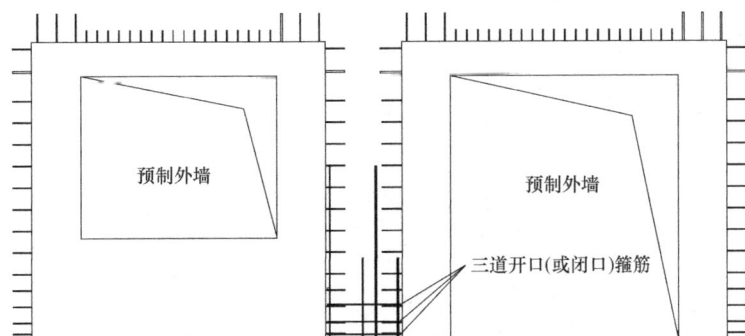

图 2-79　下端箍筋绑扎意图

待三道箍筋绑扎固定好后，沿甩筋往上依次按照箍筋间距绑扎闭口箍，并与预制构件外露钢筋绑扎固定，如图 2-80 所示。

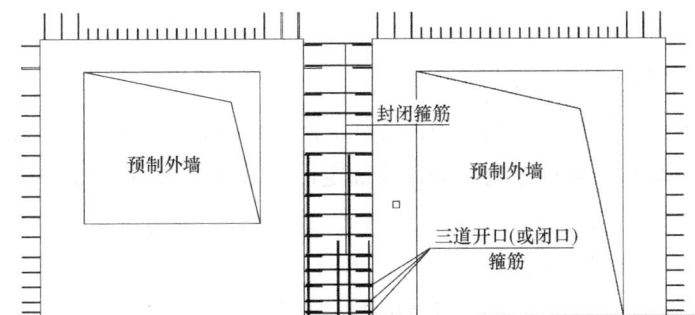

图 2-80　箍筋的绑扎示意图

② 后浇段主筋的绑扎：

待箍筋绑扎完成后，先用卷尺测量定位柱纵筋位置，将主筋位置定出来后，将后浇墙柱纵筋从上往下插入，与甩筋按照设计规范要求搭接长度进行绑扎，并与所有箍筋绑扎固定，如图2-81所示。

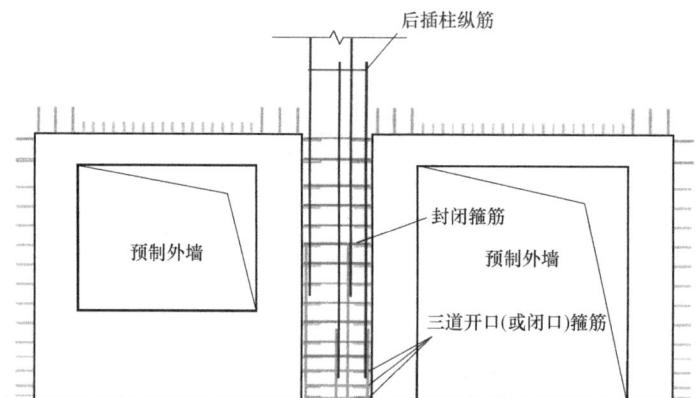

图 2-81　后段主筋绑扎示意图

4）墙体的钢筋定位

混凝土浇筑前应使用定位控制钢板辅助钢筋定位，墙体吊装前应再次校核定位钢筋位置，确保钢筋与灌浆套筒准确连接。

定位控制钢板设置直径为100mm的灌入振捣口。在浇筑混凝土前将插筋露出部分包裹胶带，避免浇筑混凝土时污染钢筋接头，如图2-82所示。

图 2-82　钢筋定位控制钢板示意图

（11）连接节点封模

宜采用定型模板对连接节点部位进行封模。

采用对拉螺杆穿过预制墙板上预留的孔洞进行对拉加固，转角处每侧水平方向至少设置两道对拉螺杆，竖直方向根据计算确定设置数量，如图2-83所示。

（12）连接节点混凝土浇筑

1）混凝土浇筑同现浇结构施工。

2）每层墙体混凝土应浇灌至该层楼板底面以下300～450mm并满足插筋的锚固长度要求。剩余部分应在插筋布置好之后与楼板混凝土浇灌成整体。

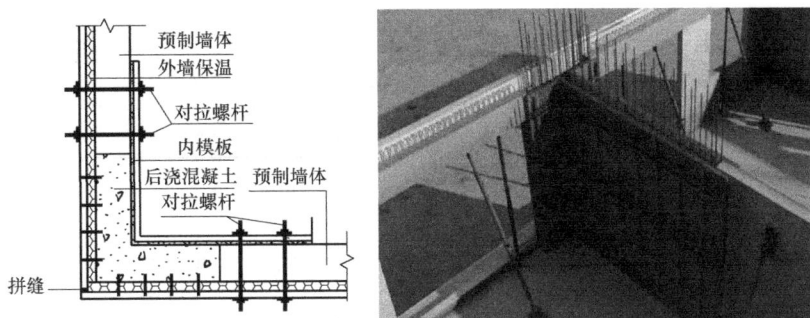

图 2-83　连接节点封模

3）当墙体厚度小于 250mm 时，现浇空腔内宜浇筑自密实混凝土，自密实混凝土应符合现行行业标准《自密实混凝土应用技术规程》JGJ/T 283 的规定；当采用普通混凝土时，混凝土粗骨料的最大粒径不宜大于 20mm，并应采取保证后浇混凝土浇筑质量的措施。

4）剪力墙水平接缝高度不宜小于 50mm，接缝处现浇收缩性小的混凝土，且应浇筑密实。

5）浇筑混凝土时，要注意对预留钢筋要插入套筒段的保护，发现有污染时要及时清理。

（13）接缝防水施工

墙体接缝主要分为：墙体水平接缝（图 2-84）、墙体竖向接缝（图 2-85），缝宽度 20mm，主要采取材料防水及构造防水两道防水措施，外部采用弹性防水材料或砂浆进行封堵，主要接缝节点如图 2-84、图 2-85 所示。

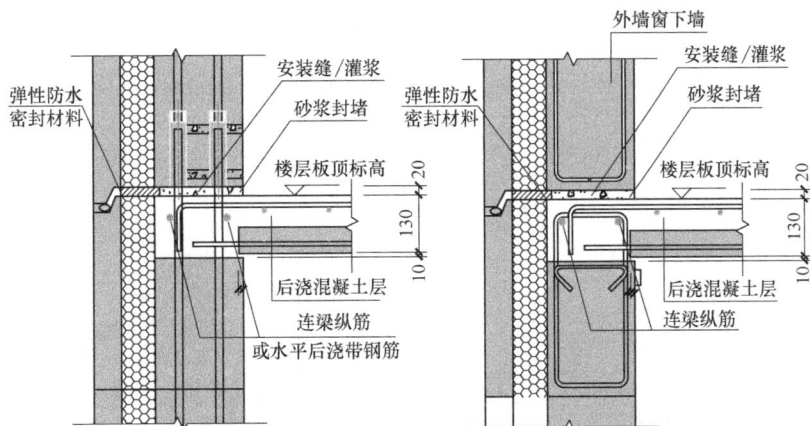

图 2-84　墙体水平接缝

1）接缝基面处理

通过角磨机或钢丝刷去除不利于粘结的物质，如：油脂、灰尘、油漆、水泥乳和其他的不利于粘接的微粒，如图 2-86 所示。

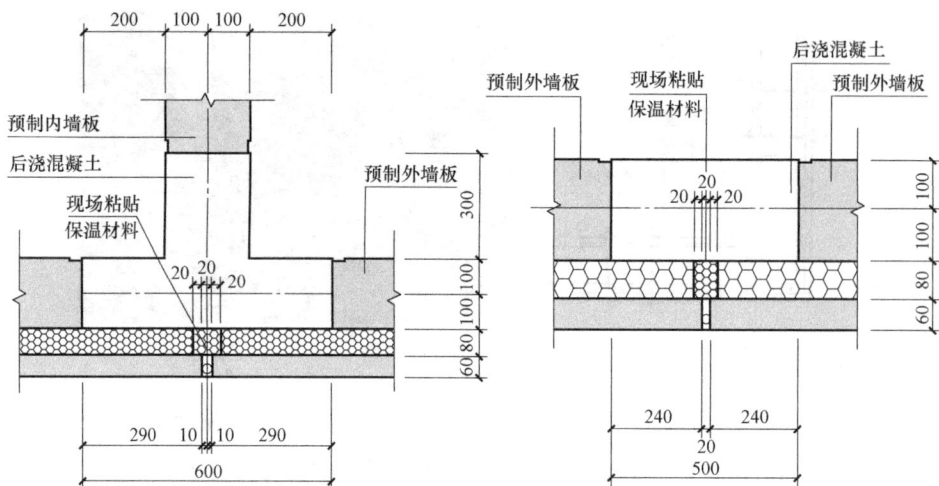

图 2-85　墙体竖向接缝

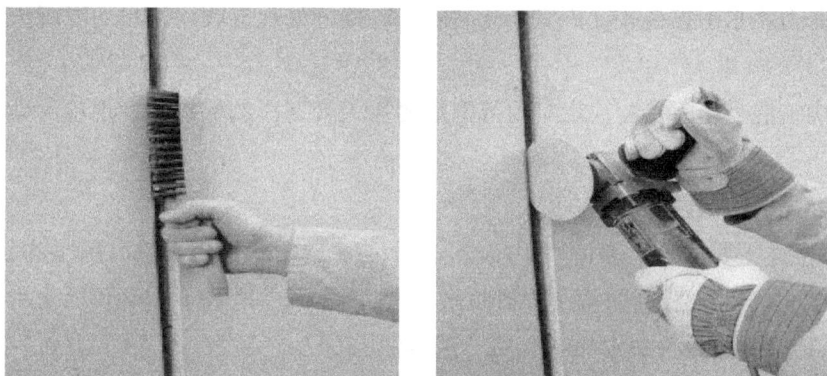

图 2-86　角磨机或钢丝刷清洁

　　用毛刷或者真空吸尘器清洁基材表面上由于打磨而残留的灰尘、杂质等，从而得到一个干净、干燥和结构均一的基面，如图 2-87 所示。

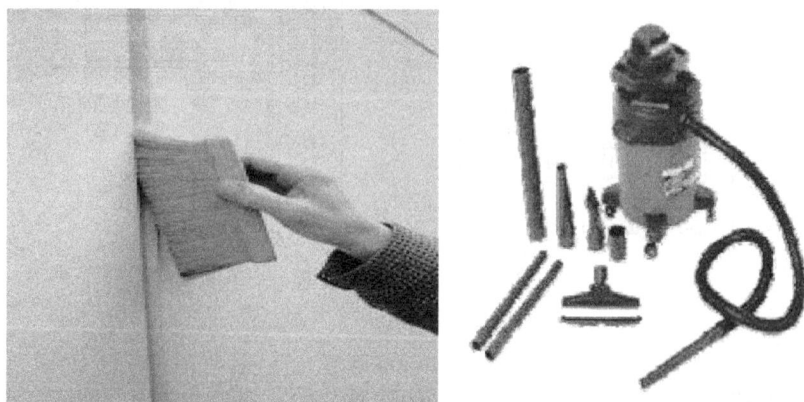

图 2-87　毛刷或真空吸尘器清洁基材表面

2）背衬材料和美纹胶带

使用柔软闭孔的圆形或扁平的聚乙烯条作为背衬材料，用来控制密封胶的施胶深度和形状，使应力分布均匀，如图 2-88 所示。

图 2-88 利用背衬控制密封胶深度

用背衬材料控制密封胶的施工深度，实现宽深比 2∶1（通常情况下，背衬材料应大于接缝宽度的 25%）。

如果接缝太小或被填充物覆盖而无法放下背衬材料的时候，须使用粘接隔离带，覆盖接缝底部。若与基材底部形成粘接，其变形能力会受到影响。

背衬材料安置完毕之后，用美纹纸胶带遮盖接缝边缘，但是必须确保美纹纸胶带与基面是相容的。

3）底涂施工

使用毛巾或刷子刷一薄层底涂，应该只涂一次，但必须保证一次可以刷足够的量。

底涂完成后需晾置 30min 以上，最多 8h，请务必保证打胶前底涂已完全干燥，如图 2-89 所示。

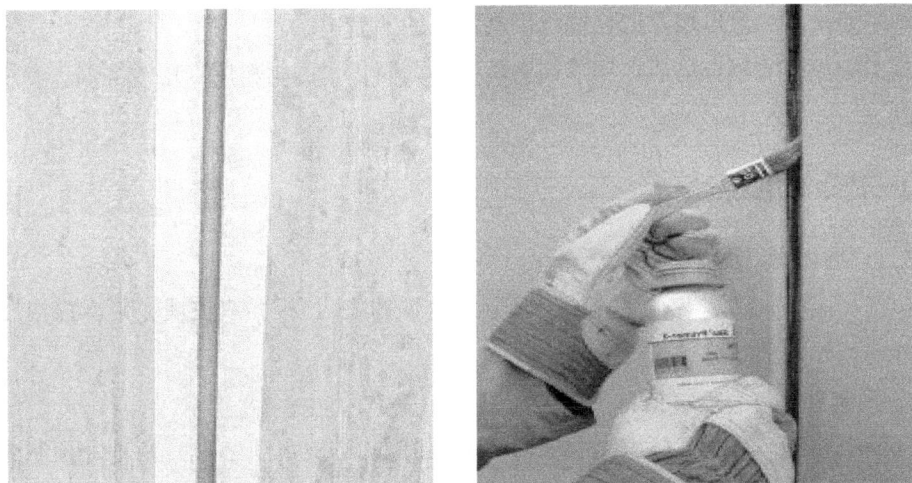

图 2-89 底涂施工

4）施工密封胶

施工密封胶前需确认：

① 背衬材料放置完毕，并保证宽深比 2：1。

② 基材接缝四周边缘贴上保护胶带即美纹胶带。

③ 底涂施工完毕，且完全干燥。

根据填缝的宽度，选择合适的胶嘴，切割胶嘴至合适的口径，且约为 45°；将密封胶置入胶枪中，沿接缝处将密封胶均匀地挤出，密封胶应填满接缝并外溢少许，避免胶体中产生空腔，如图 2-90 所示。

图 2-90　施工密封胶

确保密封胶与粘接面结合良好，并保证设计好的宽深比。

当接缝大于 30mm 或为弧形缝底时，宜采用二次填缝。二次填缝即第一次填充的密封胶完毕后，再进行第二次填充。

密封胶施工完成后，用压舌棒或其他工具将接缝外多出的密封胶刮平压实，使密封胶与粘接面充分接触；修整胶面的过程可使密封胶与接缝边缘和背衬材料结合得紧密，并且能避免气泡和空腔的产生。

施工要求高的可以用抹刀修饰出平整漂亮的凹型边缘。

施工完成经验收合格后，用溶剂清洗工具，固化了的材料用专用清洗剂、专用设备清除。

2.3.3　特殊部件装配施工

2.3.3.1　墙体类

包括：混凝土预制夹心复合墙、预制复合墙体-PCF 板、双皮墙、带飘窗混凝土预制外墙、外挂预制墙

1. 预制夹心复合墙（俗称三明治墙）

预制夹心复合墙主要分为：一字型（图 2-91）、L 型（图 2-92）两种，预制夹心复合墙板结构如图 2-93 所示，连接方法常为灌浆套筒连接。

图 2-91　一字型预制夹心保温外墙

图 2-92　L 型预制夹心保温外墙

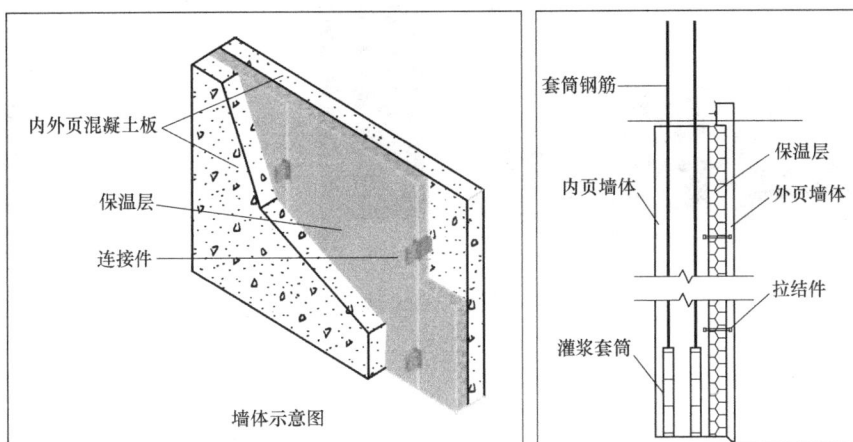

图 2-93　预制夹心复合墙板结构

（1）施工流程

基础清理找平→定位放线→钢筋校正→预制墙体吊运→预制墙体安装→支撑安装→墙体校正→支撑固定→封堵→套筒灌浆→连接节点钢筋绑扎→连接节点封模→连接节点混凝土浇筑→接缝防水施工。

（2）主要施工工艺要点

1）混凝土预制夹心复合墙竖向连接主要为内页墙钢筋贯通连接，外页墙钢筋不贯通，内页墙施工工艺与混凝土预制实心墙一致。

2）混凝土预制夹心复合墙水平方向连接部位需现浇混凝土完成，外模板由外页墙及保温板密拼组成，吊装示意图如图2-94所示，吊装完成后需先绑扎节点钢筋，再安装内模板，用对拉螺栓将内模板与外页墙连接牢固。

图 2-94　预制夹心复合墙吊装

3）转角连接部位外页墙不能实现密拼的，需辅助安装 PCF 板作为外模板，使 PCF 板与混凝土预制夹心复合墙的外页墙有效连接（见 PCF 板施工工艺），再绑扎节点钢筋，安装内模板，浇筑混凝土。

2. 预制复合墙体-PCF 板

PCF 板一般有两种，一种横截面是"一字型"，另一种横截面是"L 型"，如图 2-95 所示。PCF 板存在两大特点：一是厚度薄，一般在 60mm 左右；二是高宽比大，一般高度在 3000mm 左右，宽度在 800mm 左右。

图 2-95　预制复合墙体-PCF 板

（1）施工流程

测量放线→封浆条及垫块找平→PCF 板吊装→PCF 板固定→结构钢筋绑扎→内模模板安装→混凝土浇筑→内模拆除→接缝防水施工。

（2）主要施工工艺

1）测量放线

在楼板上根据图纸及定位轴线放出预制墙体定位边线及 200mm 控制线，同时在预制墙体吊装前，在预制墙体上放出墙体 500mm 水平控制线及轴线控制线，便于预制墙体安装过程中精确定位。

2）封浆条及垫块找平

PCF 板安装前，沿保温位置粘贴一圈海棉条，防止漏浆、调节缝透寒。

在楼板上 PCF 板安装长度范围内距端部 1/4 处的两点粘贴专用垫块找平。

3）PCF 板吊装

PCF 板吊点设置在顶部，吊点受力形式为垂直力，起吊过程中将平放的 PCF 板立起过程中，吊点受侧向力的影响容易脱落，易造成安全隐患，需经计算确定具体方案。

PCF 板起吊前，检查吊环，用卡环销紧，吊运到安装位置时，先找好竖向位置，再缓缓下降就位。PCF 板就位时，以外墙边线为准，做到外墙面顺直，墙身垂直，缝隙一致，企口缝不得错位，防止挤严平腔。标高必须准确，并在整个安装过程中注意保护 PCF 板的棱角和防水构造。安装时应由专人负责 PCF 板下口定位、对线，并用靠尺板找直。安装首层 PCF 板时，应特别注意质量，使之成为以上各层的基准。

4）PCF 板固定

为防止发生预制 PCF 板倾斜等现象，预制 PCF 板就位后，应及时对其用螺栓和膨胀螺丝固定斜支撑，通过调整斜支撑和底部的螺栓垫块对其进行标高垂直平整检测并校正，直到预制 PCF 板达到设计要求范围，然后固定，固定牢固后方可脱钩。

PCF 板校正后利用预制外墙预埋连接件进行竖向、水平连接固定，每条竖向缝连接点不少于 2 个，横向每个构件连接点也不应少于 2 个，PCF 板安装必须要有连续性，PCF 板安装完并连接牢固方可进行其他工序作业，如图 2-96 所示。

PCF 板内模安装如图 2-97 所示。

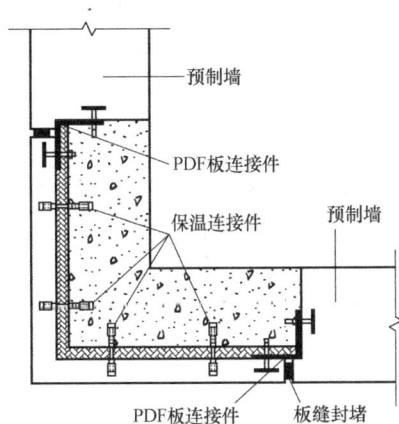

图 2-96　PCF 板固定

图 2-97　PCF 板内模安装

5）结构钢筋绑扎

PCF 板安装完成后，进行结构墙体钢筋绑扎，绑扎要求同现浇结构施工。

6）内模模板安装

墙体钢筋绑扎完成后安装内模模板，内模板通过穿过预制墙体的对拉螺栓固定。

L 型 PCF 板每边宽度≥200mm，一字型 PCF 板每边宽度≥400mm 时，应在预制墙板预留埋件，以便固定模板。

7）混凝土浇筑

混凝土浇筑同现浇结构施工，需分层浇筑，并实时观察，确保 PCF 板不发生位移与变形。

8）内模拆除

当墙柱混凝土强度达到 4MPa 时，方可拆除内模。

9）接缝防水施工

接缝防水施工见 2.3.2.3 章节相关内容。

3.双面叠合剪力墙

双面叠合剪力墙板竖向分布钢筋和水平分部钢筋通过附加钢筋实现间接连接，竖向受力钢筋布置于预制双面叠合墙内，在楼层接缝处布置上下搭接受力钢筋，并在预制双面间隙内浇筑混凝土形成双面叠合剪力墙。

双面叠合剪力墙示意图如图 2-98 所示，其结构示意图如图 2-99 所示。

图 2-98 双面叠合剪力墙

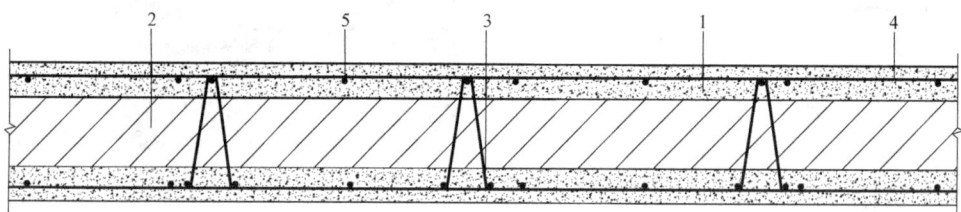

图 2-99 双面叠合剪力墙结构示意图

1—预制部分；2—现浇部分；3—钢筋桁架；4—水平钢筋；5—竖向钢筋

当采用预制双面叠合保温外墙板时，双面叠合保温外墙板从厚度方向划分为五层，即外页板、保温层、外预制板、空腔和内页墙板；外页板不承重，外页板和保温层通过外预制板结合再与内页墙板相连，如图 2-100 所示。

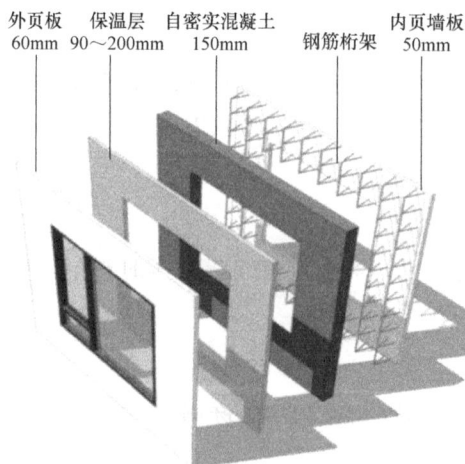

图 2-100 双面叠合剪力墙夹心保温构造示意图

双面叠合墙板水平缝连接节点示意图如图 2-101 所示。

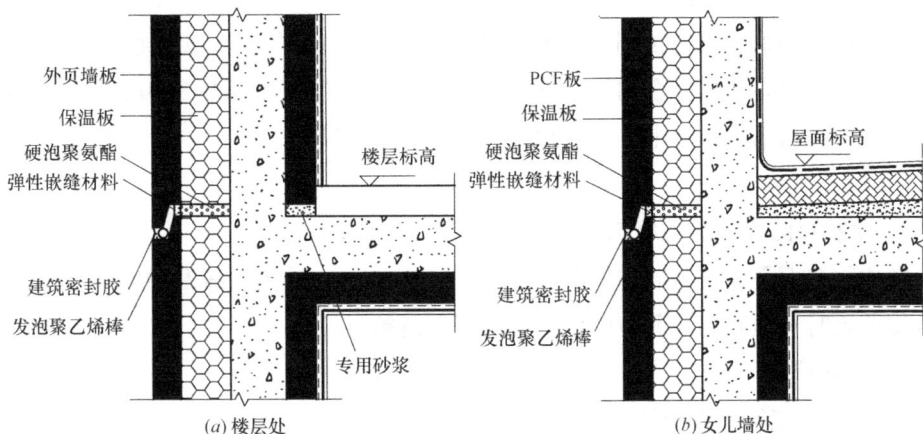

图 2-101　双面叠合墙板水平缝连接节点示意图

双面叠合墙板竖向缝拼接节点示意图如图 2-102 所示。

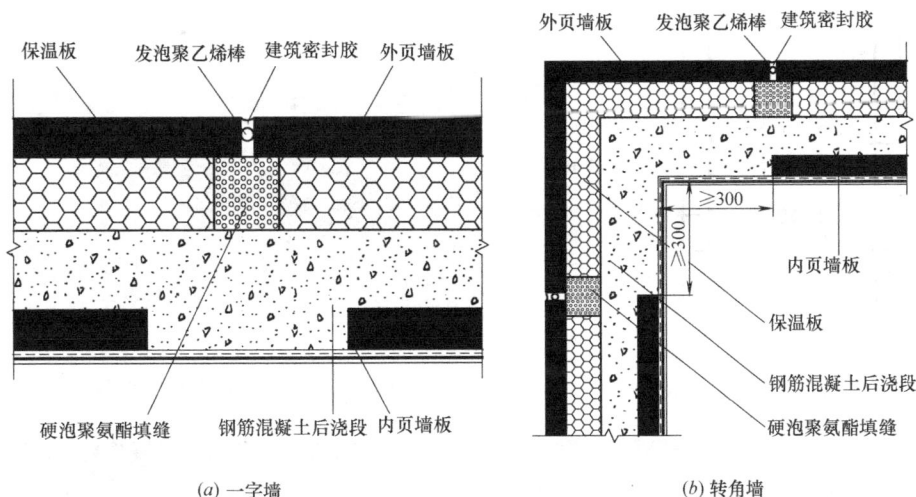

图 2-102　双面叠合墙板竖向缝拼接节点示意图

（1）施工流程

基础清理→定位放线→钢筋校正→封浆条及垫片安装→预制墙体吊运→预留钢筋插入就位→支撑安装→墙体调整校正→墙体固定→封堵→连接节点钢筋绑扎→连接节点封模→连接节点第一次混凝土浇筑→插入连接钢筋→连接节点第二次混凝土浇筑→接缝防水施工。

（2）主要施工工艺

1）基础清理及定位放线

① 安装面测量放线

按照设计图纸要求把预制构件的精确位置进行放线，依据图纸在底板（楼板）面上弹出轴线及预制双面叠合剪力墙板外边线，轴线的误差不能超过 5mm，并进行有效的复核，弹出的墨线清晰，便于预制双面剪力墙安装定位，并在预留钢筋上弹出高程控制线。

② 预制双面叠合剪力墙构件上弹线

在预制双面叠合剪力墙构件上弹出建筑标高 1000mm 控制线及预制构件的中线，以方便吊装时对预制双面剪力墙位置和高程的调整。

2）钢筋校正

① 混凝土浇筑前采用梯子筋对钢筋进行校正定位，如图 2-103 所示。

② 混凝土浇筑完成后，采用钢筋定位器对钢筋进行校核，如图 2-104 所示。

③ 如钢筋有偏差，可按 1∶6 冷弯校正，特殊情况需经设计院出具处理方案，如图 2-105 所示。

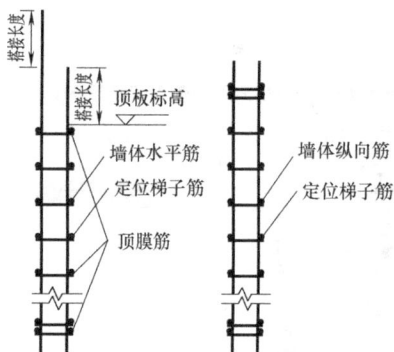

图 2-103　梯子筋示意图

图 2-104　钢筋定位器校核示意图

图 2-105　检查调整竖向预留钢筋图

图 2-106　双面叠合剪力墙垫块示意图

3）封浆条及垫片安装

下部后浇缝处根据已放出的每块预制墙板的具体位置线，在每块双面叠合剪力墙板两端距端头 200mm 处的两侧墙边位置采用垫片调整标高，如图 2-106 所示。

双面叠合剪力墙板外墙外侧预设聚乙烯塑料棒或发泡氯丁橡胶作为接缝处密封胶的背衬材料，直径应不小于缝宽的 1.5 倍。

4）预制墙体吊运

双面叠合剪力墙构件吊运包括安装防护外架、挂钩、起吊等步骤。

① 安装防护外架

挂钩前将防护外架通过螺杆穿过预留在双面叠合剪力墙预留孔固定在墙板上。

双面叠合剪力墙结构施工防护架体应考虑双面叠合剪力墙构件的特性，可采用工具式三角撑防护架，如图 2-107 所示，工具式三角撑防护架在地面与双面叠合剪力墙连接好，共同装配到楼层上，安拆简便，经济安全，不限建筑高度，重复利用率高，适合施工单位自己制作安装。

图 2-107　工具式三角撑防护架示意图

② 挂钩

采用特制钢吊梁进行吊运，钢吊梁应进行受力计算，验收合格后使用，有特殊要求的钢吊梁进场后应进行荷载试验，合格后使用。

将钢丝绳上的吊钩卡入预制构件上的三角吊环，确认连接紧固后将预制双面叠合剪力墙板吊起竖直放置，如图 2-108 所示。

图 2-108　双面叠合剪力墙挂钩及起吊示意图

③ 起吊

应按照安装图纸和事先制定好的安装顺序进行吊装，原则上宜从离吊车或者塔式起重机最远的板开始，吊装预制双面叠合剪力墙板时，根据墙板长度采用多点吊点起吊，并设置缆风绳，便于就位。

预制双面叠合剪力墙吊起 300mm 后停稳 30s，确认构件是否水平，发现构件倾斜要放回原位，重新调整吊点确保水平。

5）预留钢筋插入就位

塔式起重机吊运构件到预定位置附近，将构件缓缓下放，距离安装位置上方 800mm 左右停止，先稳住构件，再顺正构件对准安装线，将下层预留钢筋对准插入预制双面叠合剪力墙空腔内，完成就位。

图 2-109 双面叠合剪力墙就位示意图

调度员用反光镜确认预留钢筋插入预制双面叠合剪力墙位置正确，不得与桁架筋碰撞。

就位应垂直平稳，缓缓落下，小心缓慢地将墙板放置于垫块之上，为了保证位置精准就位，可在构件轮廓线位置设置垫块限位装置，构件下落时沿着限位装置下落。

双面叠合剪力墙就位示意图，如图 2-109 所示。

6）支撑安装

双面叠合剪力墙板需采用专门用于固定与调整预制墙体的斜向支撑，确保预制墙体安装垂直度，加强预制墙体与主体结构的连接，确保预制墙板内部空腔和暗柱混凝土浇筑时，墙体不产生位移，如图 2-110 所示。

图 2-110 双面叠合剪力墙支撑示意图

双面叠合剪力墙板安装钢斜支撑架及安装固定件：每块墙板至少需用两个钢斜支撑来固定，钢斜撑上部通过专用螺栓与墙板上部 2/3 高度处预埋的连接件连接，钢斜支撑底部与地面用膨胀螺栓进行锚固保证稳定性，上斜支撑与水平楼面的夹角在 40°～50°之间，钢斜支撑采用直径 60mm 螺丝扣可调长的工具式钢杆件。

7）墙体调整校正

双面叠合剪力墙板就位后，需要校正构件标高、位置、垂直度。

① 构件标高校正

通过构件上 1m 弹线用钢卷尺测量及水准仪测量，构件左右各测一点，通过调整双面叠合剪力墙板下的垫块增减厚度来校正墙板标高，误差控制在±2mm 以内。

② 构件位置校正

标高校正好后进行构件位置校正，根据楼板轴线弹线和构件轮廓线，用塔式起重机缓慢加载或用撬棍、千斤顶等对构件的整体偏差和旋转偏差校正。

③ 构件垂直度校正

构件垂直度校正采用垂直度测试仪或者用 2m 靠尺加线坠进行校核，左右倾斜超过 5mm 的情况下需要校正，通过调整双面叠合剪力墙内侧垫块高度调整。

调整方法为：固定下方的三角架，使双面叠合剪力墙下端不产生位移，通过旋拧两根斜支撑上的螺纹套管来调整上斜撑杆长度以使墙板垂直，两根斜支撑要同时调整。

8）墙体固定

双面叠合剪力墙板校正符合要求后，锁好安全锁，塔式起重机摘钩。

9）封堵

双面叠合剪力墙板外侧采用在吊装前预设接缝处密封胶的背衬材料进行封堵，外墙内侧及内墙板两侧采用水泥砂浆封堵。

10）连接节点钢筋安装

双面叠合剪力墙结构连接节点钢筋主要有楼层内相邻预制双面叠合剪力墙之间、预制双面叠合剪力墙与叠合梁之间、预制双面叠合剪力墙与端柱之间、预制双面叠合剪力墙与叠合楼板、阳台板之间、上下楼层预制双面叠合剪力墙之间及与女儿墙间的钢筋连接；连接钢筋包括水平主筋箍筋、垂直主筋、拉筋和加强筋。

① 楼层内相邻预制双面叠合剪力墙之间连接钢筋安装

楼层内相邻预制双面叠合剪力墙之间采用整体式接缝连接，约束边缘构件阴影区及构造边缘构件区域，采用后浇混凝土，并在后浇段内设置封闭箍筋。

双面叠合剪力墙结构边缘构件内的配筋及构造要求应符合现行行业标准《高层建筑混凝土结构技术规程》JGJ 3 的有关规定，如图 2-111～图 2-113 所示。

先将暗柱竖向主筋采用套筒连接接高，套上下层箍筋，再将水平主筋全数放入双面叠合剪力墙空腔内，用钢管架支撑，逐步将箍筋与水平主筋分层安装，最后将加强筋安装到位。

水平主筋可在一块墙板安装就位后先置入，待相邻墙板安装就位后拉出绑扎。

后浇混凝土与预制墙板应通过水平连接钢筋连接，水平连接钢筋的间距宜与预制墙板中水平分布钢筋的间距相同，且不宜大于 200mm。水平连接钢筋的直径不应小于叠合剪力墙预制板中水平分布钢筋的直径。

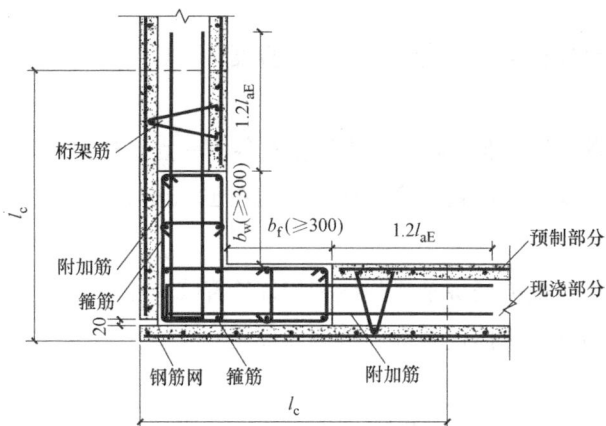

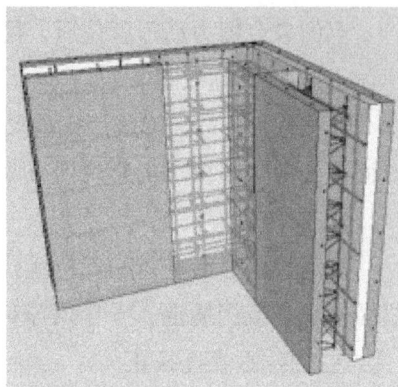

图 2-111 双面叠合剪力墙板 L 型连接钢筋节点大样及示意图

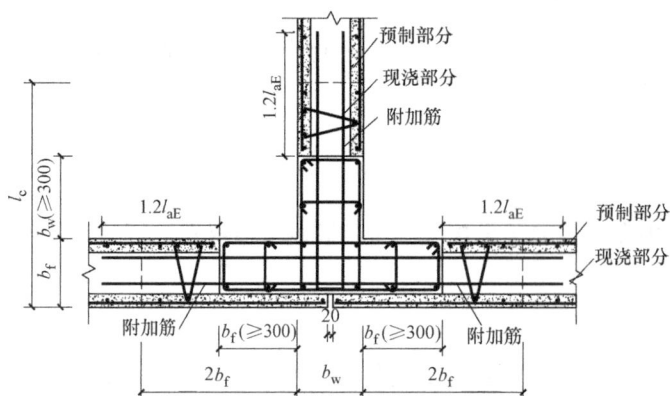

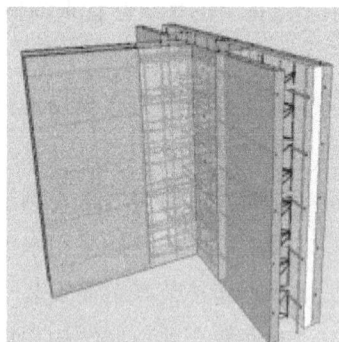

图 2-112 双面叠合剪力墙板 T 型连接钢筋节点大样及示意图

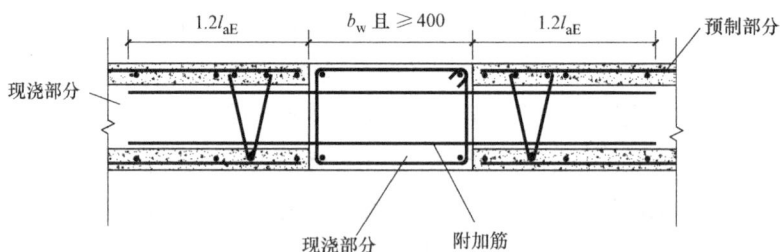

图 2-113 双面叠合墙板一字型连接钢筋节点图

水平连接钢筋应紧贴内外页预制墙板布置。

② 楼层内预制双面叠合剪力墙与端柱之间连接钢筋安装

先将端柱主筋采用套筒连接接高，再校正垂直度将箍筋安装，最后将与双面叠合剪力墙的水平连接钢筋安装。

水平连接钢筋应紧贴内外页预制墙板布置，如图 2-114 所示。

③ 预制双面叠合剪力墙与叠合梁之间连接钢筋安装

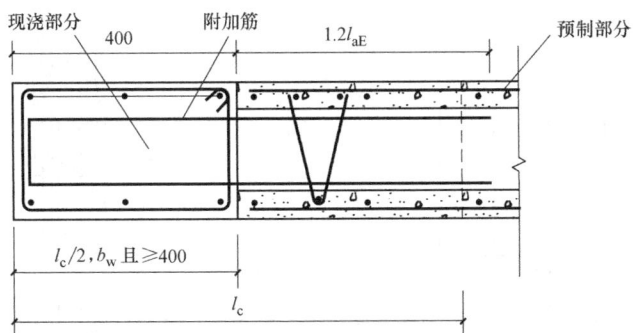

图 2-114　双面叠合剪力墙板与暗柱间节点图

现场先绑扎现浇段 U 形箍筋，再穿插墙梁连接钢筋，最后按设计图纸绑扎，采用箍筋帽封闭开口箍，箍筋帽宜两端做成 135°弯钩，如图 2-115 所示。

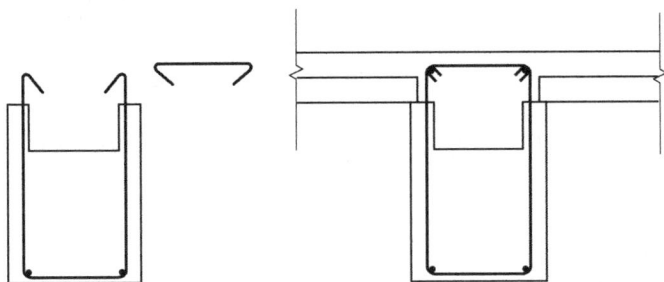

图 2-115　两端 135°钩箍筋帽结构图

④ 上下楼层预制双面叠合剪力墙之间连接钢筋安装

上下楼层预制双面叠合剪力墙之间水平接缝处应设置竖向连接钢筋，连接钢筋在上下层墙板中的锚固长度不应小于 $1.2l_{aE}$。如图 2-116、图 2-117 所示。

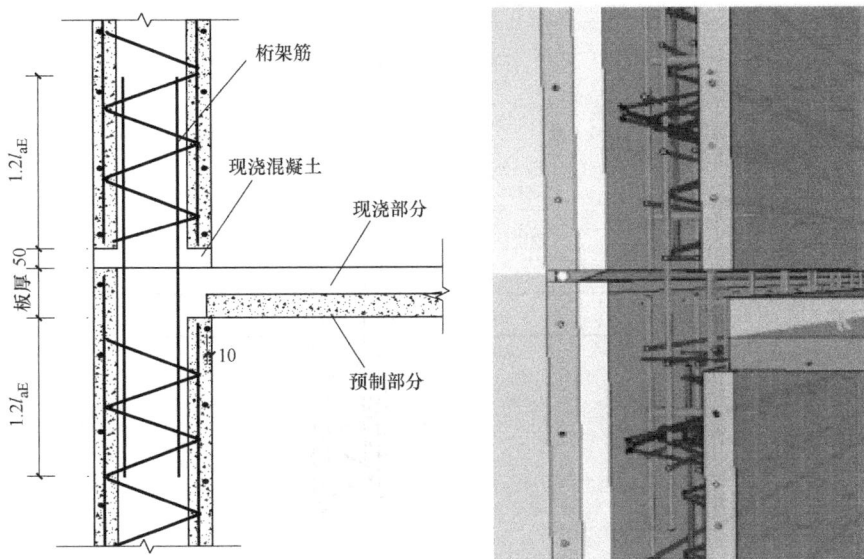

图 2-116　双面叠合剪力墙外墙板竖向连接钢筋节点示意图

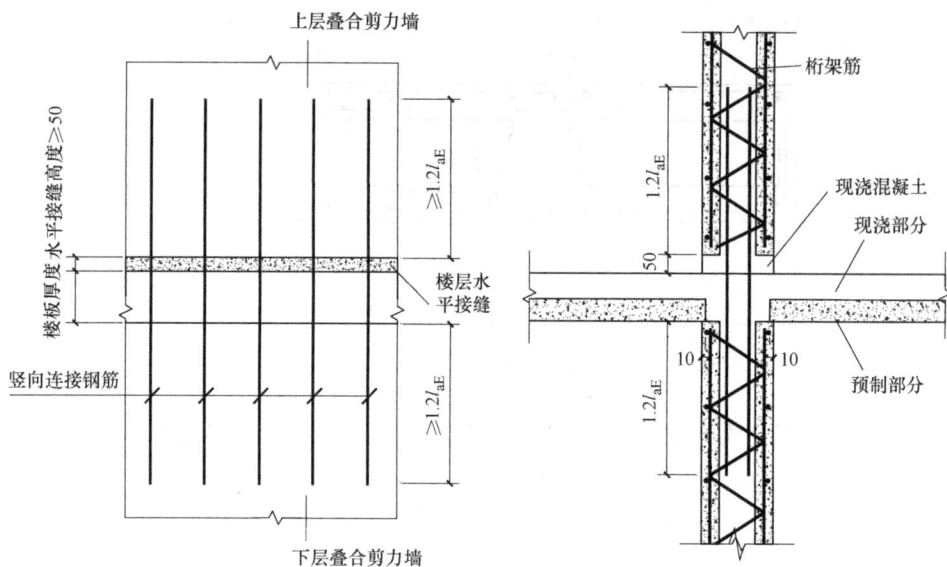

图 2-117 双面叠合剪力墙内墙板竖向钢筋连接节点示意图

每次双面叠合剪力墙安装完成后，在混凝土浇筑前均应用钢筋定位器安装预留连接钢筋。

竖向连接钢筋应紧贴内外页预制墙板布置。

⑤ 预制双面叠合剪力墙与女儿墙间连接钢筋安装

双面叠合剪力墙安装完在混凝土浇筑前将女儿墙钢筋绑扎好，钢筋验收合格后方可浇筑双面叠合剪力墙混凝土。

女儿墙钢筋应通过双面叠合剪力墙结构固定。

竖向插入双面叠合剪力墙内腔钢筋应紧贴外页预制墙板，插入深度准确，如图 2-118 所示。

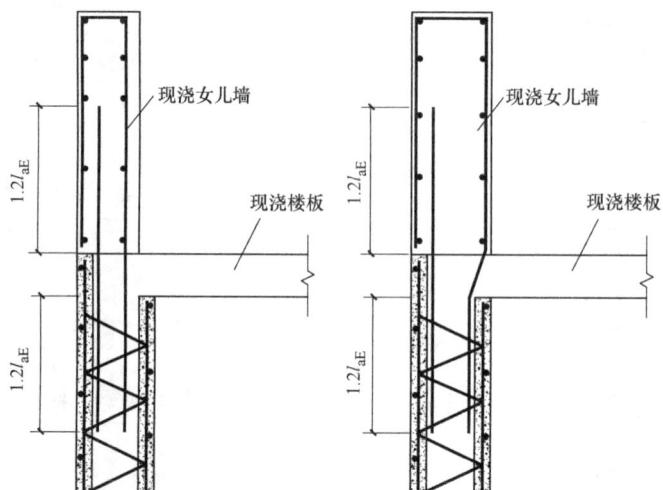

图 2-118 双面叠合剪力墙上现浇女儿钢筋连接节点图

⑥ 预制双面叠合剪力墙与叠合楼板间连接钢筋安装

预制双面叠合剪力墙与叠合楼板间钢筋连接节点示意图如图 2-119 所示。

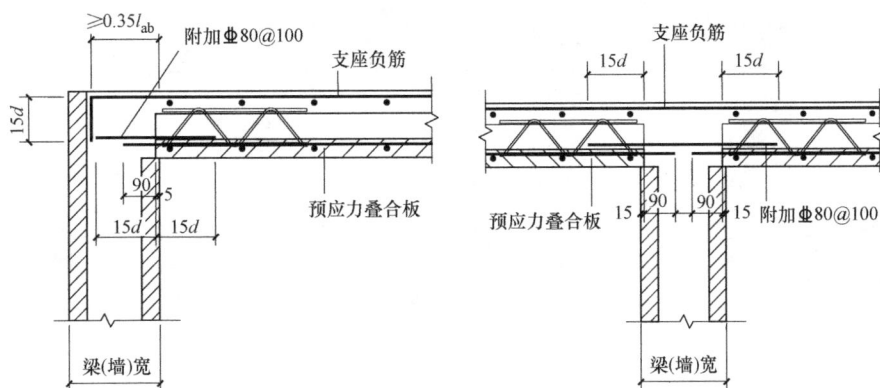

图 2-119　预制双面叠合剪力墙与叠合楼板间钢筋连接节点示意图

预制叠合板支座处应设置附加底筋，底筋布置在紧贴叠合板上表面处。

板缝采用密拼做法，板缝间采用连接钢筋连接两块预制预应力叠合板，搭接长度满足设计要求。

按设计要求铺设上层钢筋网。

预制双面叠合剪力墙与叠合阳台板或空调板间连接钢筋安装与上述类似。

11) 连接节点封模

连接节点钢筋绑扎完成后，安装连接节点模板，一般外侧模板采用 PCF 板（具体做法见 PCF 板施工章节）。内侧模板采用木模板或定型铝模板，具体做法同现浇结构模板支设。

12) 连接节点第一次混凝土浇筑

墙体安装完毕，连接节点模板安装完成，验收合格后方可浇筑混凝土，第一次混凝土应分层浇筑至距墙顶标高 500～600mm 左右停止。

13) 插入连接钢筋

当墙体混凝土浇筑至距顶面 600mm 左右时，插入墙体竖向连接钢筋，并绑扎固定。

14) 连接节点第二次混凝土浇筑

同现浇结构施工。

15) 接缝防水施工

做法同通用构件墙体类施工。

4. 带飘窗混凝土预制外墙

带飘窗预制外墙示意图如图 2-120 所示。

(1) 施工流程

基础清理找平→定位放线→钢筋校正→预制墙体吊运→预制墙体安装→支撑安装→墙体位置校正→支撑固定→封堵→套筒灌浆→连接节点钢筋绑扎→连接节点封

图 2-120　带飘窗预制外墙示意图

模→连接节点混凝土浇筑→接缝防水施工。

（2）主要施工工艺要点

1）根据定位轴线，在已施工完成的楼层钢梁上放出带飘窗混凝土预制外墙定位边线及控制线，方便施工操作及墙体控制。

2）带飘窗混凝土预制外墙吊装时，为了保证墙体构件整体受力均匀，使墙体在吊运过程中始终保持竖直方向，宜采用吊梁进行多吊点起吊，吊梁应进行受力计算，验收合格后使用，有特殊要求的吊梁进场后应进行荷载试验，合格后使用，如图 2-121 所示。

图 2-121　带飘窗预制外墙吊点设置及吊运示意图

3）利用缆风绳或引导绳进行缓慢就位，待墙体下放至距楼面 0.5m 处，根据定位控制线进行微调，微调完成后缓慢下放。

4）构件就位后及时安装墙体斜撑及飘窗支架等防倾装置，飘窗支架由两根独立支撑及龙骨组成，上下层独立支撑立杆应在同一直线上，以保证足够的承载力防止发生倾倒，如图 2-122 所示。

5）带装饰面层的带飘窗混凝土预制外墙吊点设置应做好吊点部位的细部做法，以便于吊装完毕后，及时恢复面层装饰。

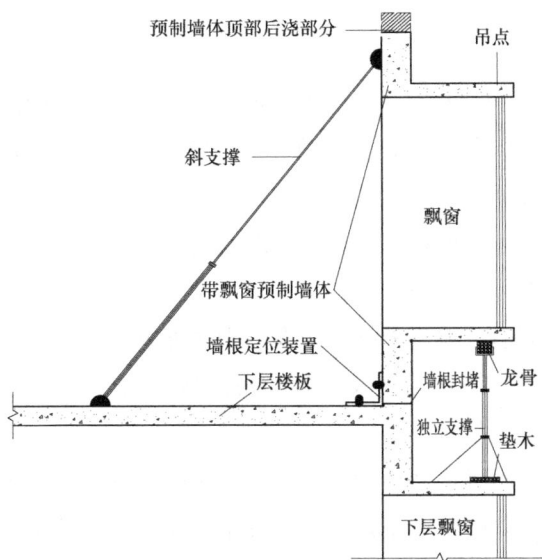

图 2-122　带飘窗预制外墙墙体斜撑及飘窗支架

5. 预制装配式外挂墙

预制装配式外挂墙为安装在主体结构上起围护、装饰作用的非承重预制混凝土外墙板，外挂墙板与主体结构的连接方式为螺栓连接，采用点支撑安装方式，即在主体结构上预埋（或焊接）连接件，预制外挂墙板时预埋螺栓，外挂墙板吊装就位调整合格后将螺栓锁紧。

（1）施工流程

施工准备→测量放线→预埋件检验→连接件焊接→粘贴密封条→外挂墙吊装就位→初步固定→调整预制外挂墙位置、标高、垂直度→最终固定→接缝处理。

（2）主要施工工艺

1）施工准备

对起吊设备及连接件进行检查，对吊装工人及管理人员进行安全技术交底及培训，并对 PC 外挂墙板再次进行检查，保证外挂墙板无质量安全缺陷。

2）测量放线

根据施工图纸，在外挂墙板安装位置放出定位线。

3）预埋件检验

根据图纸及定位线，检查预埋件规格、数量、位置是否正确，如与图纸要求不符，需及时进行处理。

4）连接件焊接

按图纸要求焊接连接件。

5）粘贴密封条

在预制外挂墙与结构接触部位及预制外挂墙之间连接部位粘贴密封条，以便于防水、保温等接缝处理。

6）外挂墙吊装就位

用吊钩及吊链吊装 PC 外挂墙板，要严格执行"333 制"，即先将预制外挂墙吊起距离地面 300mm 的位置后停稳 30s，相关人员要确认构件是否水平，如果发现构件倾斜，要停止吊装，放回原来位置重新调整，以确保构件能够水平起吊。另外，还要确认吊具连接是否牢靠，钢丝绳有无交错，缆风绳或引导绳是否绑扎牢固等。确认无误后，可以起吊，所有人员远离构件 3m 远。

在将外挂墙板吊起后，调整外挂墙板在空中角度及姿态，并在低空处垂吊 2min，保证整个外挂墙板栓钉、吊钩吊链及吊装设备连接紧密，在吊装人员确认连接安全后，将外挂墙板吊至指定位置。

构件吊至预定位置附近后，缓缓下放，在距离作业层上方 500mm 处停止。吊装人员用手扶预制外挂墙，配合起吊设备将构件水平移动至构件吊装位置。就位后缓慢下放，吊装人员通过地面上的控制线，将构件尽量控制在边线上，对准预埋件连接位置，安装至设计位置。若偏差较大，需重新吊起至距地面 50mm 处，重新调整后再次下放，直至达到吊装位置为止。

7）初步固定

预制外挂墙吊装就位后，在调整好位置和垂直度前，需要通过临时承重铁件进行临时支撑（图 2-123），铁件同时还起到控制吊装标高的作用，其与外挂板连接如图 2-124 所示。

图 2-123　临时铁件就位

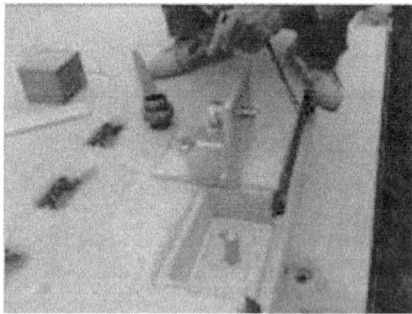

图 2-124　临时铁件与外挂板连接

8）调整预制外挂墙位置、标高、垂直度

构件就位后，需要进行测量确认，测量指标主要有高度、位置、倾斜。调整顺序建议是按"先高度再位置后倾斜"进行调整。

9）最终固定

PC 外挂墙板安装完成后，由专人将上部及下部连接件与楼板预埋件焊接稳固，如图 2-125 所示。

10）接缝处理

图 2-125　预制外挂板固定

安装完成后，由专人对 PC 外挂墙板吊钉凹槽位置进行接缝处理，如图 2-126 所示。

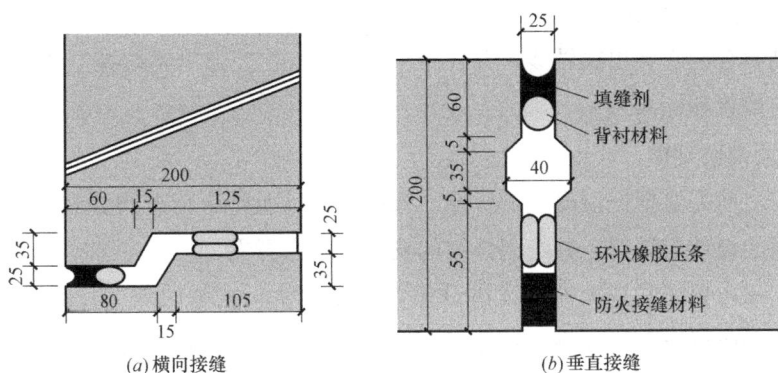

(a)横向接缝　　　　　　　(b)垂直接缝

图 2-126　预制外挂板接缝处理示意图

2.3.3.2　梁类

梁类构件主要包括：混凝土预制叠合梁、劲性预制混凝土梁、钢梁、预制 T 梁。

1. 混凝土预制叠合梁

预制叠合梁如图 2-127 所示。

图 2-127　预制叠合梁

（1）施工流程

预制叠合梁定位放线→搭设梁底支撑→预制叠合梁吊装→预制叠合梁校正定位→预制叠合梁固定→预制叠合梁底部封堵→预制叠合梁钢筋绑扎→预制叠合梁混凝土浇筑。

（2）主要施工工艺

1）预制叠合梁定位放线

① 楼层定位控制线

下层顶板混凝土达到一定强度后进行该层的放线工作，由专业测量人员放出楼层的轴线控制线和标高控制线（待本层预制墙体安装完毕后，将标高控制线移至墙上）。班组施工人员根据轴线控制线弹出预制叠合梁的侧边线和200mm控制线，同时弹出距梁端200mm控制线。

② 构件定位控制线

在预制叠合梁底弹出梁轴线，并在距梁端200mm处弹出梁端控制线，以方便吊装时校正其位置和标高。

2）搭设梁底支撑

在施工之前需要根据混凝土的板厚、梁截面尺寸及施工荷载的要求进行详细的水平支撑体系的设计与计算，并绘制详细的支撑平面布置图。

根据支撑布置图及楼面控制线搭设独立支撑（独立支撑如图2-128所示），保证独立支撑布置成行成列，并垂直于楼板面（图2-129），上下层的独立支撑应对齐。

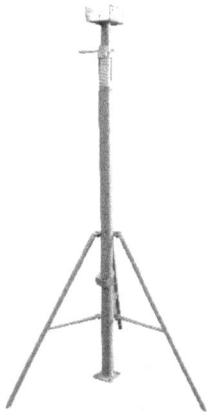

图2-128 独立支撑示意图

图2-129 独立支撑搭设

根据楼层标高控制线，通过调节顶托螺栓，保证架体顶面标高满足要求。

一道预制叠合梁根据跨度大小至少需要两根或以上独立支撑，独立支撑距叠合梁两端不应大于500mm，沿构件长度方向间距不宜大于1800mm；具体分布根据受力确定。

吊装完后应调整每根梁底的顶托，使之完全顶紧。

3）预制叠合梁吊装

叠合梁吊装秉持"先主梁，后次梁；先大截面，后小截面；同向对称"吊装原则。

叠合梁吊装宜采用可调式横吊梁均衡起吊就位，避免叠合梁因吊装过程中受力不均开裂。

预制梁在起吊之前，应由专职人员对预制梁的型号、尺寸及质量进行检查，检查合格后交由专业人员挂钩和绑扎缆风绳。待作业人员撤离至安全区域后，由信号指挥工确认四周安全无误后开始预制梁的吊装工作。起吊到构件距离地面 0.5m 左右时，进行起吊装置安全确认，确定起吊装置安全后，继续起吊作业。

叠合梁吊装过程中，在作业层上空 500mm 处略作停顿，根据已安装的柱上弹好的预制梁定位边线扶稳预制梁，检查预制梁位置是否对准定位边线，根据叠合梁位置调整叠合梁方向进行定位。吊装过程中注意避免叠合梁上的预留钢筋与柱头的竖向钢筋碰撞，叠合梁停稳慢放，以免吊装放置时冲击力过大导致板面损坏。

叠合梁吊装示意图如图 2-130 所示。

叠合梁落位后，先对叠合梁的底标高进行复测，同时使用水平靠尺的水平气泡观察叠合梁是否水平，如出现偏差，应及时对叠合梁和独立固定支撑进行调节，待标高和平整度控制在安装误差内之后，再进行摘勾。

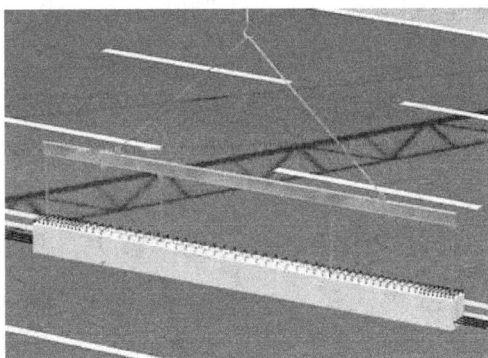

图 2-130　叠合梁吊装示意图

4）预制叠合梁校正定位

预制梁落位完毕后，根据梁定位边线和楼层投影线对预制梁水平位置进行微调；构件就位后使用水准仪检测其标高，若存在问题，通过调整支撑高度来控制预制梁的标高，达到要求后紧固支撑架即可。

5）预制叠合梁固定

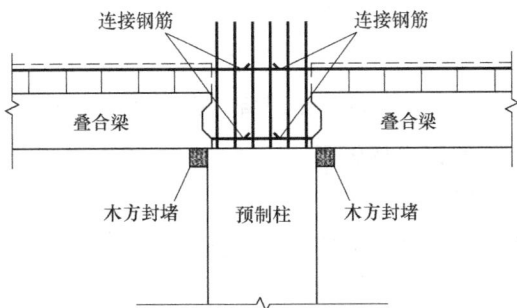

图 2-131　预制叠合梁底部封堵

将梁底支撑调节旋钮锁紧，固定预制叠合梁位置。

6）预制叠合梁底部封堵

预制叠合梁端头底部与墙柱之间的缝隙采用木方封堵，确保木方表面平整光滑，且与梁底及柱表面贴紧密实，如图 2-131 所示。

7）预制叠合梁钢筋绑扎

同现浇结构施工，连接钢筋的绑扎按设计要求进行，且满足施工技术规范，安装附加钢筋应根据设计图纸（或构造节点）要求设置，位置准确，焊接满足技术规范及验收标准。

8）预制叠合梁混凝土浇筑

同现浇结构施工。

2. 劲性预制混凝土梁

（1）施工流程

劲性预制混凝土梁定位放线→搭设梁底支撑→劲性预制混凝土梁吊装→劲性预制混凝土梁校正定位→劲性预制混凝土梁固定→劲性预制混凝土梁连接节点钢筋安装连接→连接节点封模→连接节点混凝土浇筑。

（2）主要施工工艺

1）劲性预制混凝土梁定位放线

楼层定位控制线

下层顶板混凝土达到一定强度后进行该层的放线工作，由专业测量人员放出劲性预制混凝土梁的轴线控制线和标高控制线，同时弹出距梁端200mm控制线。

构件定位控制线

在预制叠合梁底弹出梁轴线，并在距梁端200mm处弹出梁端控制线，以方便吊装时校正其位置和标高。

2）搭设梁底支撑

梁底支撑宜采用独立支撑，搭设方法同预制叠合梁梁底支撑施工。

图 2-132　劲性预制混凝土梁吊装

3）劲性预制混凝土梁吊装

由于劲性预制混凝土梁一般跨度较大，故吊装时需采用横吊梁进行吊运，且宜采用4点起吊（图2-132），具体方案需经计算确定，方能保证吊装质量。

4）劲性预制混凝土梁校正定位

同预制叠合梁施工。

5）劲性预制混凝土梁固定

校正无误后，进行劲性骨架连接施工，连接方式按图纸要求进行，施工方法同钢结构施工。

6）劲性预制混凝土梁连接节点钢筋安装连接

劲性骨架连接好后，应立即进行节点钢筋安装，方法同现浇结构施工。

7）连接节点封模

同现浇结构施工。

8）连接节点混凝土浇筑

节点混凝土根据具体施工工艺选择，封闭节点宜采用细石混凝土，通过劲性预制混凝土梁预留的混凝土输送孔灌注入节点部位，并采用平板振捣器在外部振捣完成。上口未封闭节点可直接浇筑混凝土，方法同现浇结构施工。

3. 预制钢梁

（1）施工流程

施工流程如图 2-133 所示。

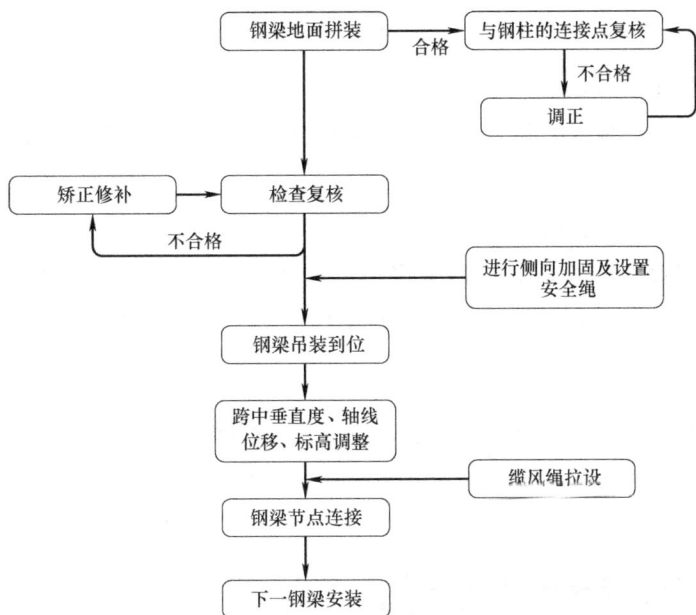

图 2-133　预制钢梁施工流程图

（2）主要施工工艺要点

1）钢梁吊点设置

为方便现场安装，确保吊装安全，预制钢梁在工厂加工制作时，应在钢梁上预埋吊耳或现场采用定型化吊具，吊点到钢梁端头的距离一般为构件总长的 1/4。

长度较长或重量较大的钢梁，可采用工字钢及钢丝绳等作为吊具，吊点宜设置 4 点以上，吊点在中心两边对称节点设置，需设置多个吊点时，吊点需按设计要求布设，如图 2-134 所示。

2）钢梁的吊装

钢梁吊装前，需先清理梁表面污物，对产生浮锈的连接板和摩擦面在吊装前进行除锈，装配好附带的连接板，并用工具包装好螺栓。

楼层钢梁的吊装顺序遵循先主梁后次梁的原则，每一个区域校正连接完成后，方可进入下一个区域安装。

吊装时应设置缆风绳（或引导绳），根据吊装方案顺序进行吊装，也可根据实际

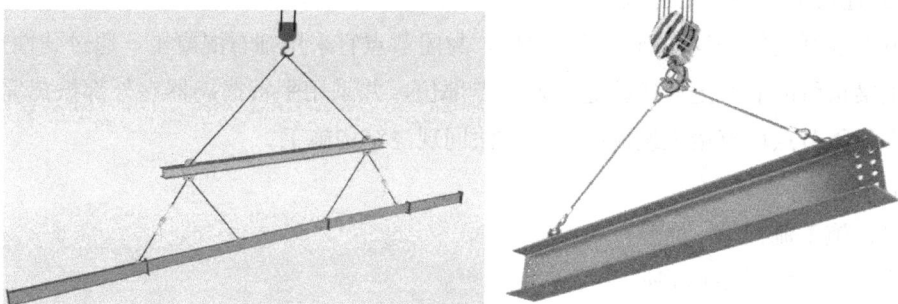

图 2-134 预制钢梁吊点设置示意图

情况采用多梁串吊的方法。

　　临边钢梁安装后应及时拉设安全绳，以便于施工人员行走时挂设安全带，确保施工安全。

　　3）钢梁就位与临时连接

　　钢梁上翼缘设安装用码板，码板采用厚度为 20mm 的钢板，规格为 300mm×100mm。就位时，对孔洞有少许偏差的接头应用冲钉配合调整跨间距，然后用安装螺栓拧紧，如图 2-135 所示。

图 2-135 钢梁的就位安装

　　4）校正

　　钢梁就位后需采用两台经纬仪对轴线位置偏移、跨中垂直度，钢梁挠度等进行校正。校正时应对轴线、水平度、标高、连接板间隙等因素进行综合考虑，全面兼顾，每个分项的偏差值都要达到设计和规范要求。

　　钢梁的轴线偏差较大导致无法对孔时，可对钢梁的连接螺栓孔在规范允许范围之内进行铰刀扩孔。

　　5）钢梁节点连接

　　钢梁节点连接一般有螺栓连接、焊接等方式。

　　钢梁连接施工时，按照腹板高强度螺栓先初拧后，焊接腹板，最后再终拧高强度螺栓的顺序进行。具体连接工艺见连接节点章节。

4. 预制 T 梁

预制 T 梁多在桥梁上使用，房屋建筑上应用较少，一般只有在跨度较大（12m 以上）的建筑物上应用。

（1）施工流程

预制 T 梁定位放线→搭设梁底支撑→预制 T 梁吊装→预制 T 梁校正定位→预制 T 梁固定→预制 T 梁塞缝→预制 T 梁节点钢筋绑扎→预制 T 梁湿接缝混凝土浇筑。

（2）主要施工工艺要点

1）预制 T 梁施工工艺与预制叠合梁安装工艺相同。

2）预制 T 梁吊装应按方案要求吊装顺序起吊，吊点需经设计确定。

3）应根据预制 T 梁尺寸、重量及作业半径等要求选择适宜的吊具和起重设备，在吊装过程中索具和构件水平夹角控制在 45°～60°之间。

4）梁底支撑体系严格按照方案设置，支撑标高除符合设计规定外，还应考虑支撑系统本身的施工变形。

5）预制 T 梁吊装应慢起慢落，严禁磕碰，校正定位过程一次完成，确保平整度、高差、拼缝尺寸均在误差允许范围内。

2.3.3.3　柱类

柱类部件主要包括：混凝土预制柱、预制劲性柱、钢柱。

1. 混凝土预制柱

（1）施工流程

预制柱的主要安装流程包括：

基础清理及定位放线找平→预留钢筋位置校正→找平→预制柱吊运→预制柱安装→支撑安装→预制柱位置校正→支撑固定→封堵→灌浆→梁板安装→节点钢筋安装→封模→浇筑混凝土。

（2）主要施工工艺

1）基础清理及测量放线

下层混凝土强度达到 1.2MPa 后，清除表面杂物并打扫干净，开始放线。

① 楼层定位控制线

混凝土达到一定强度后进行该层的放线工作，由专业测量人员放出楼层的轴线控制线和标高控制线。班组施工人员根据轴线控制线弹出预制柱的边线和 200mm 控制线，如图 2-136 所示。

② 构件定位控制线

在预制柱构件上弹出建筑标高 1000mm 控制线及预制构件的中线，以方便吊装时校正其位置和标高，同时可作为其他构件安装的控制依据，如图 2-136 所示。

2）预留钢筋位置校正

预留钢筋位置校正方法同 2.3.2.3 墙体类 4.（3）预留钢筋位置校正。

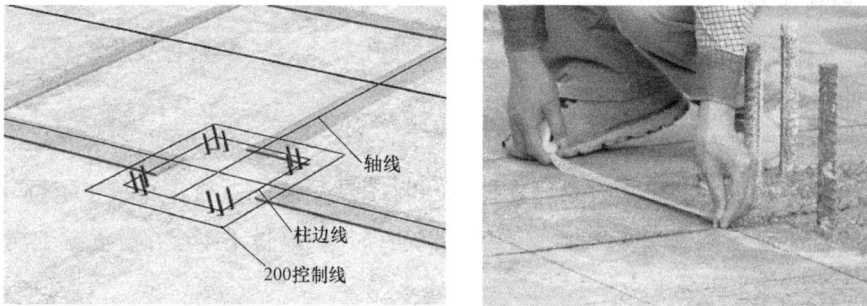

图 2-136　放线定位图

根据所弹出柱线，采用钢筋限位框，对预留插筋进行位置复核（图 2-137），对中心位置偏差超过 10mm 的插筋根据图纸采用冷弯校正，对个别偏差较大的插筋，应将插筋根部混凝土剔凿至有效高度后再进行冷弯矫正，以确保预制柱连接的质量。

预制柱预留钢筋定位钢板如图 2-138 所示。

图 2-137　柱预留插筋位置复核

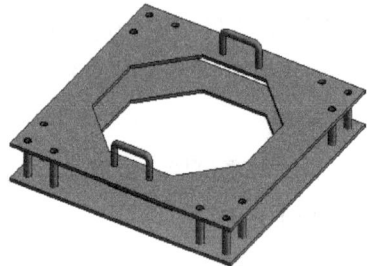

图 2-138　定位钢板示意图

3）找平

凿除下层柱顶面浮浆，要求露出混凝土粗骨料，并清扫松动石子及灰尘。

清理完成后，在结合面上放置支撑垫片，支撑垫片应设置在结合面的三个点上，并应呈三角形分布，同时保持足够的间距。

当采用坐浆法施工时，吊装前应在结合面上满铺坐浆砂浆，并确保在 45min 内完成吊装。

4）预制柱吊运

预制柱生产前，需在预制柱顶部位置，提前深化设计预制柱吊点，一般一根预制柱顶端设置两个吊点，吊点采用栓钉形式在顶端预埋，预制柱到达现场后，采用鸭嘴扣连接吊带或专用吊链，利用塔式起重机进行预制柱吊装，如图 2-139 所示。

① 预制柱的翻转

检查吊点：确保位置准确（设计时计算确定），外观完好，

柱底防护：在预制柱柱底设置木护角，并在柱底处地面垫设橡胶垫，防止吊装时破坏。

柱体翻转：采用单点垂直旋转法（图 2-140），用塔式起重机缓慢将柱顶端吊起，

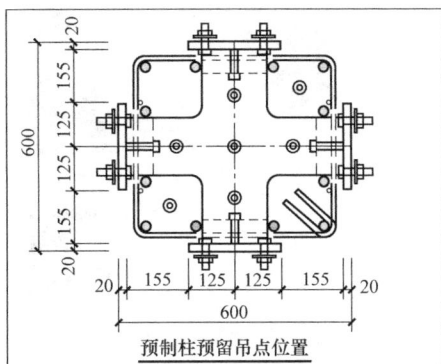

图 2-139　预制柱节点埋件及现场照片

不断移动小车，保证钢丝绳处于垂直状态，直至完成翻转。多吊点翻转时，需编制专项施工方案。

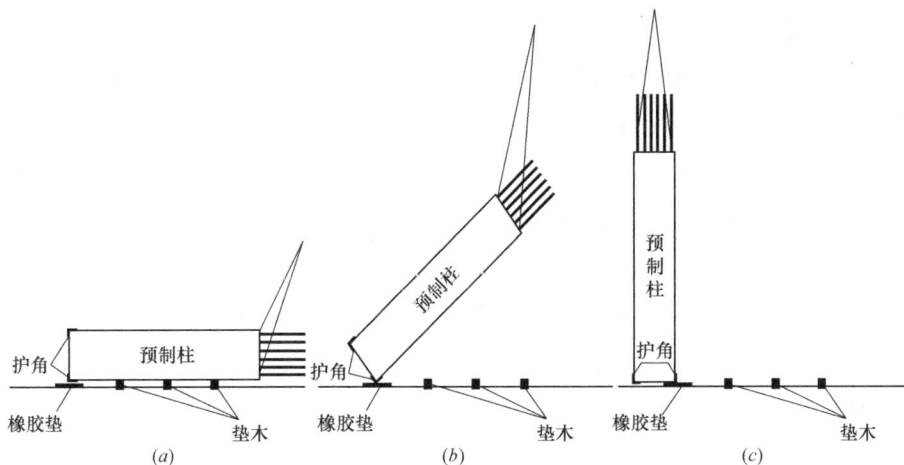

图 2-140　预制柱翻转

② 预制柱起吊

柱子吊运时，先用卸扣（或吊钩）将钢丝绳与预制柱的预留吊环连接，然后慢慢起吊，起吊至距地 500mm，检查构件外观质量及吊环连接无误后方可继续起吊，起吊要求缓慢匀速，保证预制柱边缘不被损坏，如图 2-141 所示。

5）预制柱安装

预制柱吊运至作业层上方 500mm 左右时，施工人员用手扶住预制柱辅助柱子定位至连接位置，并缓缓下降柱子，确保预留钢筋插入就位，如图 2-142 所示。

6）支撑安装

由于预制柱吊装完成后，需安装至少两个方向斜支撑对预制柱进行固定，所以在预制柱生产前，需在预制柱至少相邻两个侧边，按照斜支撑固定位置预留斜支撑固定孔洞，预制柱在吊装到指定位置后，利用斜支撑连接预制柱预留孔洞位置与板面，进行预制柱临时固定。

图 2-141   预制柱起吊

图 2-142   预制柱安装

　　将预制柱的斜支撑杆安装在预制柱及楼板上的螺栓连接件上，进行初调，保证柱子的大致竖直。在预制柱初步就位后，利用固定可调节斜支撑螺栓杆进行临时固定，方便后续精确校正。

　　高 4.2m 以下的预制柱每面预制一道斜撑固定件，且位于柱的竖向中线位置。斜撑固定件位于距底部 2/3 净柱高的位置。

　　高 4.2m 以上的预制柱每面预制两道或多道斜撑固定件，且位于柱的竖向中线位置。最上面一道斜撑固定件位于距底部 2/3 净柱高的位置，最下面一道斜撑固定件位于距底部 600mm 位置处为宜。

　　预制柱临时支撑应在灌浆料抗压强度能确保结构达到后续施工承载要求后方拆除。

　　预制柱斜撑安装如图 2-143 所示。

图 2-143   预制柱斜撑安装

　　7）预制柱位置校正

　　初调：预制构件从堆放场地吊至安装现场，用钢垫片进行初步定位。

　　定位调节：根据控制线精确调整预制柱底部，使底部位置和测量放线的位置重合（使用七字码，见预制剪力墙结构吊装施工部分）。

高度调节：构件标高采用水准仪来进行复核。每根柱吊装完成后均须进行复核，每个楼层吊装完成后再次统一复核（钢垫片）。

垂直度调节：构件垂直度调节采用斜支撑进行调节，构件垂直度通过垂准仪（或靠尺）来进行复核，每根预制柱吊装完成后均须复核，垂直度需满足规范及设计要求。

8）支撑固定

见剪力墙相关部分

9）柱根封堵

① 用高强坐浆料封堵，浆料进入截面每边控制在 20mm 以内，且不得进入灌浆套筒范围内，柱根侧边封堵必须密实、无缝隙，浆料凝固后无开裂，且不得堵塞出浆孔。

② 采用定型模具进行封堵。

10）灌浆施工

具体见连接节点灌浆施工工艺部分。

2. 预制劲性柱

（1）施工流程

基础清理→定位放线→钢筋校正→预制柱吊运→预制柱安装→预制柱固定→预制柱校正→预制柱劲性骨架连接→梁板安装→连接节点钢筋安装 →连接节点封模→混凝土浇筑。

（2）主要施工工艺

1）基础清理及定位放线

先将下层柱顶杂物清除，再用钢丝刷除净下层柱劲性骨架上的混凝土残渣与浮锈，再按图纸要求分别放出定位轴线、定位控制线、标高控制线等。

2）预制柱安装

当预制柱吊运至工作面上 500mm 时停止，待操作人员扶稳柱体，调整位置，使劲性骨架与下层骨架对齐后缓慢下放，先确保劲性骨架对接准确，焊接连接时确保焊点对齐，螺栓连接时确保螺栓孔对齐。

3）预制柱固定

当预制柱安装位置准确后，及时安装临时固定装置。

先按图纸要求安装劲性骨架连接装置（安装方法同钢柱施工），再安装斜支撑（安装方法同预制混凝土柱施工）。

4）预制柱校正

根据图纸要求及定位控制线，通过调整斜支撑及劲性骨架临时固定装置对柱体平面位置、标高及垂直度进行校正，校正完毕后方可摘除吊运装置。

5）预制柱劲性骨架连接

校正无误后，连接劲性骨架，连接方式按图纸要求进行，施工方法同钢结构施工。

6）连接节点钢筋安装

劲性骨架连接好后，应立即进行节点钢筋安装，方法同现浇结构施工，竖向钢筋连接按设计要求采用焊接或套筒灌浆连接。

7）连接节点封模

同现浇结构施工。

8）混凝土浇筑

节点混凝土宜采用细石混凝土，通过预制劲性柱体预留的混凝土输送孔灌注入节点部位，并采用平板振捣器在外部振捣完成。

3. 钢柱

（1）施工流程

钢柱施工流程图如图 2-144 所示。

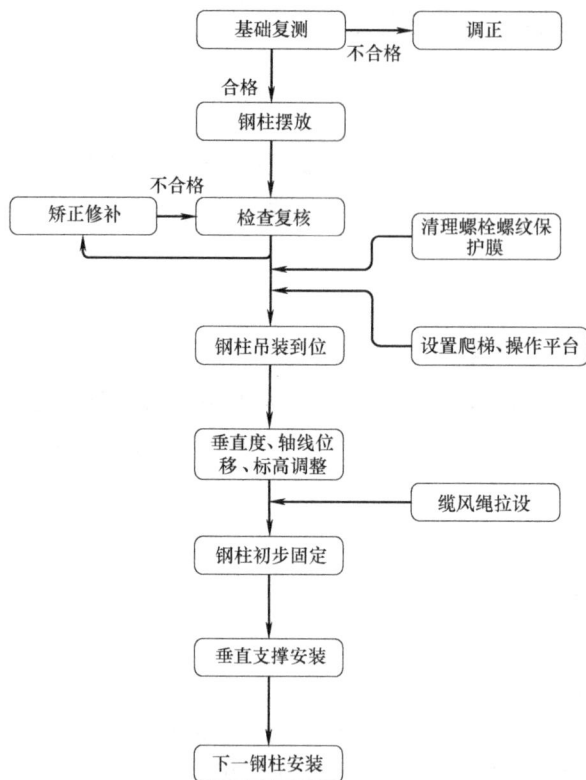

图 2-144　钢柱施工流程图

（2）主要施工工艺

1）在钢柱吊装前，对地脚预埋螺栓位置作全面的复核（图 2-145），发现问题及时整改，以保证吊装位置准确；以基准测量控制网为标准，将柱脚板下方螺母上表面标高调节至与柱脚板底标高一致，并作相应的准备。

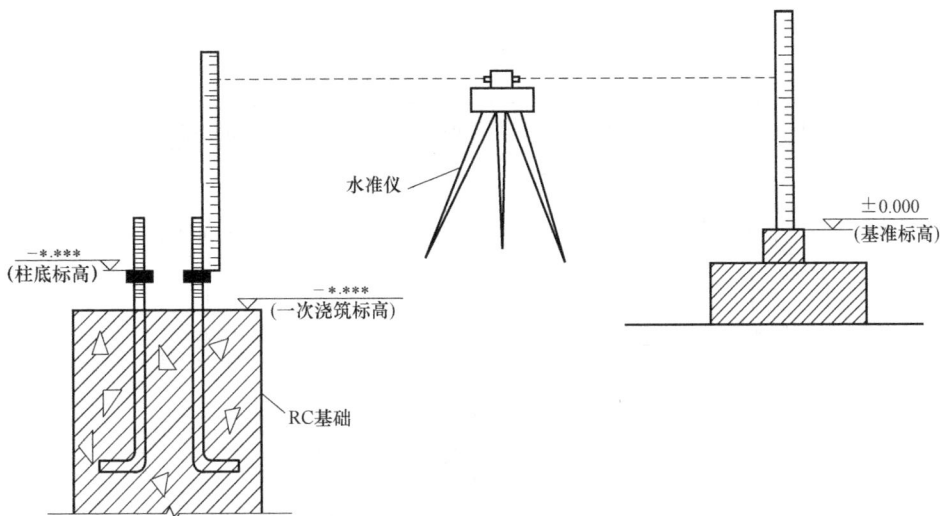

图 2-145　预埋螺栓标高复核

2）根据钢构件的重量及吊点情况，准备足够的不同长度、不同规格的钢丝绳以及卡环。在柱身上绑好爬梯缆风绳（或引导绳）。

3）缓慢就位后，用两台经纬仪对钢柱轴线、标高、垂直度、扭转等及时进行调整，柱的四面中心线与基础放线中心线对准或偏差控制在规范许可的范围以内时，穿上压板，将螺栓拧紧，即为完成钢柱的就位工作。

4）每个区域预制柱吊装完毕，进行整体校正后，进行梁柱连接、柱柱连接施工，以便形成稳定的结构体系，一般当一节柱长两层楼高时，先安装上层梁，再安装下层梁，当一节柱长三层楼高时，先安装上层梁，再安装下层梁，最后安装中层梁。

2.3.3.4　连接节点

1. 预制混凝土墙柱竖向连接节点

预制混凝土墙柱竖向连接节点主要采用套筒灌浆工艺连接，其工艺流程及操作要点如下：

（1）套筒灌浆工艺流程

竖向及水平预制构件套筒灌浆工艺流程见图 2-146、图 2-147。

（2）套筒灌浆操作要点

1）灌浆前准备及要求

① 技术准备

灌浆前应编制专项技术交底；对灌浆孔进行通气检查，保证灌浆孔通畅；灌浆套筒连接施工应使用匹配的灌浆套筒及灌浆料；正式施工前，应进行现场模拟灌浆，确定最佳的灌浆压力、搅拌及静置时间等施工参数。

② 人员准备

由于灌浆施工是影响灌浆套筒连接的关键因素，直接关系到装配式结构的稳定

```
┌─────────────────────────────────┐
│ 结合面与竖向预制构件的检查与处理 │
└─────────────────────────────────┘
```

```
┌──────────────┐   ┌──────────────┐   ┌──────────────┐
│ 当采用单个套筒│←──│ 竖向预制构件员│──→│ 当采用连通腔灌│
│ 灌浆工艺施工时│   │ 装前的准备工作│   │ 浆工艺施工时 │
└──────────────┘   └──────────────┘   └──────────────┘
       ↓                                      ↓
┌──────────────┐                      ┌──────────────┐
│ 竖向预制构件  │                      │ 竖向预制构件  │
│ 坐浆层铺设    │                      │ 吊装与固定    │
└──────────────┘                      └──────────────┘
       ↓                                      ↓
┌──────────────┐   ┌──────────────┐   ┌──────────────┐
│ 竖向预制构件  │──→│ 竖向预制构件灌浆│←─│ 竖向预制构件结│
│ 吊装与固定    │   │ 前的准备工作  │   │ 合面封边和分仓│
└──────────────┘   └──────────────┘   └──────────────┘
```

```
┌─────────────────────────────┐
│ 竖向预制构件套筒灌浆料拌合物的制备 │
└─────────────────────────────┘
              ↓
┌─────────────────────────────┐
│ 竖向预制构件灌浆施工          │
└─────────────────────────────┘
              ↓
┌─────────────────────────────┐
│ 竖向预制构件灌浆质量检查和处理 │
└─────────────────────────────┘
              ↓
┌─────────────────────────────┐
│ 竖向预制构件灌浆后连接部位保护 │
└─────────────────────────────┘
```

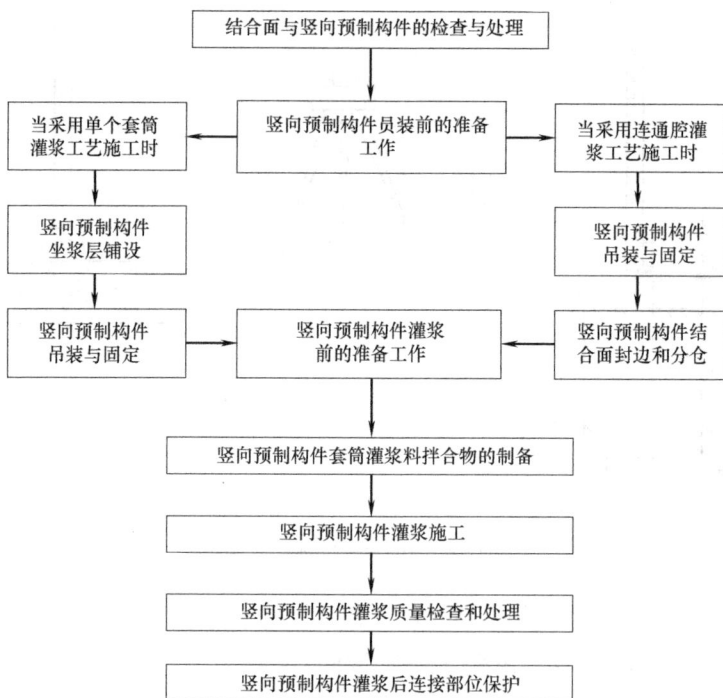

图 2-146 竖向预制构件套筒灌浆工艺流程图

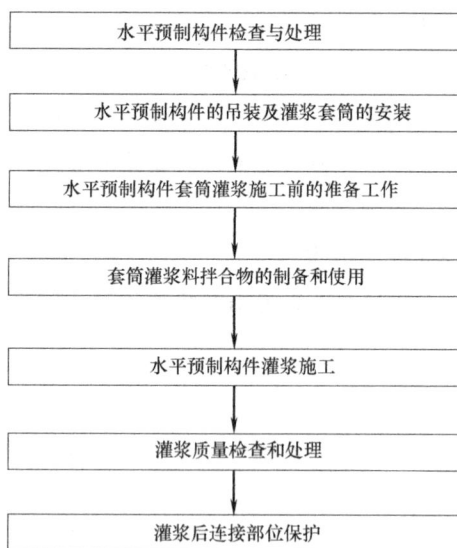

```
┌─────────────────────────────┐
│ 水平预制构件检查与处理        │
└─────────────────────────────┘
              ↓
│ 水平预制构件的吊装及灌浆套筒的安装 │
              ↓
│ 水平预制构件套筒灌浆施工前的准备工作 │
              ↓
│ 套筒灌浆料拌合物的制备和使用 │
              ↓
│ 水平预制构件灌浆施工 │
              ↓
│ 灌浆质量检查和处理 │
              ↓
│ 灌浆后连接部位保护 │
```

图 2-147 水平预制构件套筒灌浆工艺流程图

性，需要由人工完成，灌浆施工前，管理人员和灌浆施工操作人员均应进行培训，施工时严格按照国家相关规范执行，管理人员配备齐全，施工人员应操作熟练，未经许可不可随意更换人员，灌浆操作人员一般由下列人员组成：1 名机械调试人员，2 名浆料制备人员，1 名灌浆人员，1～2 名封堵人员，共 5～6 人。

③ 材料准备

套筒灌浆专用灌浆料进场前，施工单位应检查产品合格证及出厂检验报告，按规范要求送检合格后方可使用，并在现场做试搅拌与灌浆，对初始流动度及 30min 流动度进行测试，并将灌浆料储藏至阴凉通风处。

灌浆料与灌浆套筒应互相匹配，根据设计及套筒规格、型号选配灌浆料，施工过程中严格按照厂家说明进行灌浆料制备，并不得更换。

④ 器具设备准备

搅拌桶（顶口直径不宜小于 35cm，便于投料和静置排气）、电子秤、电动搅拌机、手动注浆枪、电动灌浆泵（宜一用一备）、电子计时钟、流动度测量装置、回落补偿装置等，如图 2-148、图 2-149 所示。

图 2-148　鼓式搅拌机

图 2-149　气压式灌浆通

a. 套筒灌浆料施工时，宜配备符合下列要求的灌浆机具：

a）套筒灌浆料搅拌设备单次最大搅拌能力不宜超过 30kg，且从加水拌合至搅拌完成时间宜为 4～5min。

b）灌浆机的额定容量不宜小于灌浆搅拌设备单次最大搅拌能力，灌浆机灌浆压力宜为 0.4～1.2MPa；灌浆机应能保证灌注浆体均匀、连续出浆，且有稳压保压功能。

c）施工现场应至少配备一台备用灌浆料搅拌设备机灌浆设备，并配备充足的相关易损配件。

d）施工现场应配备适当的手动灌浆设备、流动度检测设备、套筒灌浆料试块模具及灌浆路径堵塞后的清洗设备。如图 2-150～图 2-153 所示。

b. 坐浆砂浆和封边砂浆施工时，宜配备符合下列要求的施工机具：

a）砂浆搅拌设备单次最大搅拌能力不宜超过 50kg，且从加水拌合至搅拌完成时间宜为 4～5min。

b）用于封边施工的封边内衬工具应有确保封边砂浆厚度不少于坐浆层厚度的功能，用于分仓施工的分仓内衬工具应有确保分仓线平直饱满的功能。

c）施工现场应配备适当的砂浆立方体试块模具以及清洗设备。

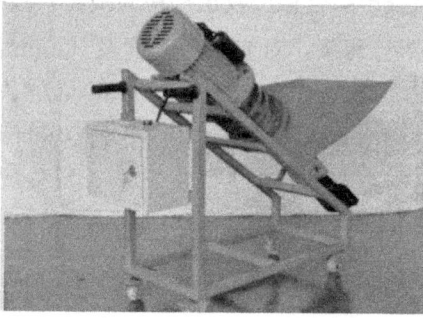

图 2-150 螺杆式灌浆机

图 2-151 挤压式灌浆机

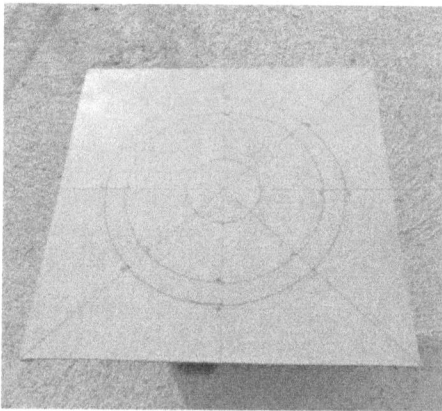

图 2-152 流动度测量装置

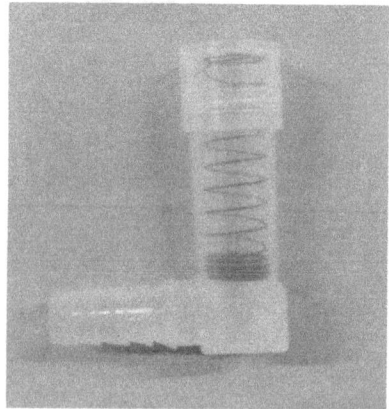

图 2-153 回落补偿装置

⑤ 灌浆区域封堵

预制柱：采用封仓法一次灌浆。用封仓料或封仓砂浆将预制柱与楼板接触的四周密实封堵（图 2-154）。

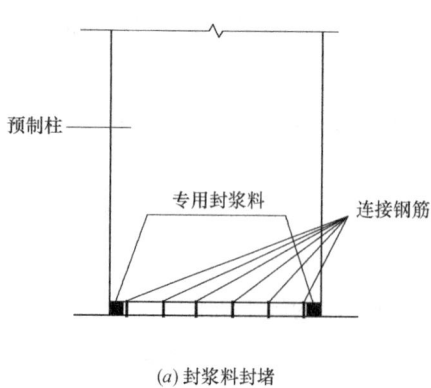

(a) 封浆料封堵

(b) 定型模具封堵

图 2-154 柱底封仓

预制墙体：采用分仓法或坐浆法。采用分仓法时（图 2-155），应根据构件尺寸大小以及灌浆套筒位置，使用封仓料分仓，分仓隔墙宽度不应小于 20mm。分仓后的构件应在对应位置做分仓标记，并记录分仓时间填写分仓检查记录表。

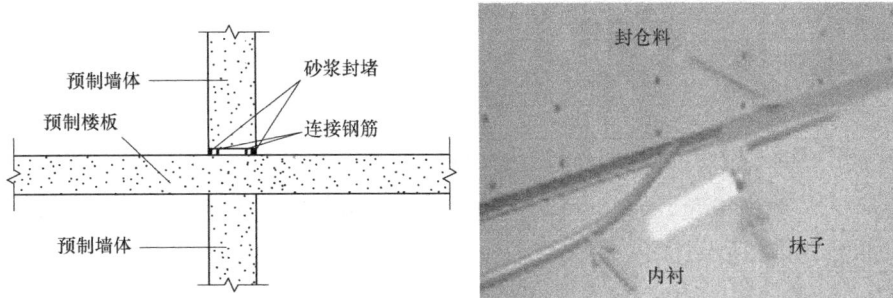

图 2-155　剪力墙底部封仓

⑥ 灌浆时间要求

套筒灌浆连接施工的灌浆时间应符合设计要求，当设计无要求时应符合下列规定：

a. 同一楼层的预制梁吊装完成并验收合格后应进行灌浆施工；

b. 同一楼层的竖向预制构件吊装完成并验收合格后宜进行灌浆施工；

c. 连续二层竖向预制构件吊装完成并验收合格后应进行灌浆施工。

2）灌浆令制度

钢筋套筒灌浆施工前，施工单位及监理单位应联合对灌浆准备工作、实施条件、安全措施等进行全面检查，应重点核查套筒内连接钢筋长度及位置、坐浆料强度、接缝分仓、分仓材料性能、接缝封堵方式、封堵材料性能、灌浆腔连通情况等是否满足设计及规范要求。每个班组每天灌浆施工前应签发一份灌浆令（图 2-156），灌浆令由施工单位项目负责人和总监理工程师同时签发，取得后方可进行灌浆。

3）灌浆料制备

① 检验包装袋上灌浆料有效期，打开包装袋，将干料混合均匀，无潮湿结块之后，方可使用。

图 2-156　灌浆令

② 拌和用水应符合规范用水标准。

③ 灌浆料需按照产品使用说明书注明加水量进行拌制。

④ 搅拌机，搅拌桶就位后，将水和灌浆料倒入搅拌桶内进行搅拌。加入经称量的全部水、2/3 重量的灌浆料进行一次搅拌，搅拌时间约 2min；再将剩余灌浆料加

入桶内，搅拌约3min至完全均匀后，静置排气。待气泡消失后进行灌浆作业。每次制备的灌浆料应在30min内用完。如图2-157所示。

4）灌浆料检测

① 强度检测

灌浆料强度按批次检验，以每层为一检验批次，有灌浆施工的每日应制作一组且每层不应少于3组40mm×40mm×160mm试件，按照标准养护28d后进行抗压强度试验。如图2-158所示。

图2-157　灌浆料制备

图2-158　试件制作

② 流动度及实际可操作时间检测

每次灌浆施工前，需对制备好的灌浆料进行流动度检测，同时需做实际可操作时间检测，保证灌浆施工时间在产品可操作时间内完成。灌浆料搅拌完成后，初始流动度应≥300mm，260mm流动度为下限。每次制备的灌浆料应在30min内用完。当采用灌浆机循环加料的方式时，应待上次加入的成型料基本用完时再补料。

5）灌浆

灌浆示意图如图2-159所示。

预制柱：宜采用单个套筒灌浆工艺各自独立灌浆。吊装前在结合面满铺坐浆砂浆封堵灌浆套筒底部，灌浆时采用低压慢速的方法从每个灌浆套筒下部灌浆管注入套筒灌浆料拌合物。当圆柱状套筒灌浆料拌合物从同一灌浆套筒上部出浆孔连续流出时，经保压后再拔出注浆喷嘴，并用堵孔塞封堵该灌浆管，最后打开回落补偿装置顶部盖塞。

预制墙体：应采用连通腔灌浆方式灌浆。应采用压浆法从位于连通灌浆腔中部的一个灌浆套筒下部灌浆管注入套筒灌浆拌合物，当圆柱状套筒灌浆料拌合物从构件其他出浆管或灌浆管连续流出时，迅速封堵相应的出浆管或灌浆管，当最后一个出浆管连续流出圆柱状套筒灌浆料拌合物时，保压后再拔出注浆喷嘴，并用堵孔塞封堵该灌浆管，最后打开回落补偿装置顶部盖塞，进行浆液回落补偿。严禁同一个连通灌浆腔仓体从两处及以上灌浆。

预制梁水平钢筋灌浆：如图 2-160 所示，灌浆前应再次检查套筒两侧密封圈是否严密，并对不严密处进行处理。灌浆时采用压浆法从灌浆套筒一侧灌浆孔注入，当拌合物在另一侧排浆孔流出时应停止灌浆，及时封堵灌、排浆孔。套筒灌浆孔、排浆孔应朝上，保证灌满后浆面高于套筒内壁最高点。

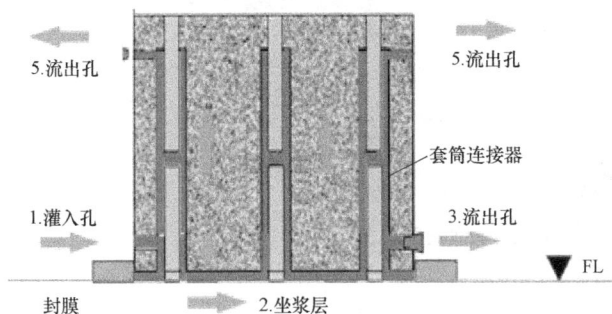

图 2-159　灌浆示意图

图 2-160　水平灌浆

6）全程视频拍摄

施工单位应当对钢筋套筒灌浆施工进行全过程视频拍摄，该视频作为施工单位的工程施工资料留存。视频内容必须包含：

① 灌浆施工管理人员、操作人员、专职检验人员、旁站监理人员挂牌验收。

② 灌浆部位、预制构件编号、构件检验及通孔检测合格章。

③ 灌浆料制备全过程，包括水的计量、加水、搅拌、二次投料、静置及每个环节的时间计量等。视频中计量刻度显示应准确、清晰。

④ 流动度检测过程。

⑤ 试件取样。

⑥ 各孔出浆及封堵完成等情况。

视频宜采用常见数码格式，按楼栋编号分类归档保存，文件名包含楼栋号、楼层数、预制构件编号。视频拍摄以一个构件的灌浆为段落，宜定点连续拍摄。

7）灌浆饱满度自检

灌浆完成后，应及时打开回落补偿装置的顶部盖塞，观察浆液补偿情况。如补偿量较小，可待补偿装置内灌浆料初凝后将其拆除；如补偿量较大，则应检查是否有漏浆、气泡、未灌满、注浆压力过大等现象。

灌浆施工 24h 后，施工单位应采用微损探孔（内窥镜法）对灌浆饱满度进行抽样自检，如图 2-161 所示。

8）补灌措施

如发现出浆孔空洞明显，应及时进行补灌。

采用水平钢筋连接套筒施工停止后 30s 内，一经发现灌浆料拌合物下降，应检查灌浆套筒的密封或灌浆料拌合物排气情况，并及时补灌。

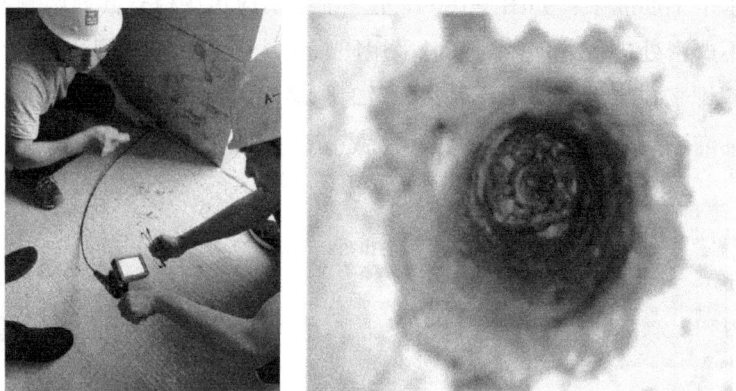

图 2-161　灌浆饱满度检测

9）其他

① 竖向预制构件吊装应按下列方法进行：

a. 采用单个套筒灌浆连接的预制柱，应在结合面上满铺坐浆砂浆后 45min 内完成吊装；

b. 竖向预制构件吊装时，应确保结合面上全部外露钢筋插入预制柱对应的灌浆套筒内；

c. 预制构件吊装就位后应校准构件位置和垂直度，并设置临时支撑固定。临时支撑固定措施的设置应符合现行国家标准《混凝土结构工程施工规范》GB 50666 的有关规定。

② 采用连通腔灌浆连接的预制构件吊装固定后、灌浆施工前，应对连通腔灌浆进行分仓和封边。连通腔灌浆分仓和封边应符合下列规定：

a. 高温干燥季节进行分仓和封边前，宜对结合面做浇水湿润处理，但不得有积水；

b. 连通灌浆腔分仓应符合下列要求：

a）对于长度较大的预制剪力墙构件应通过分仓将构件底面下端空腔划分为若干个连通灌浆腔，同一连通灌浆腔内任意两个灌浆套筒间距不宜超过 1.5m. 连通灌浆腔内构件底部与下方现浇结构上表面的最小间隙不得小于 10mm；

b）宜采用分仓内衬工具和封边砂浆进行分仓施工。封边砂浆拌合物稠度宜为 60~70mm。分仓成型后的砂浆宽度宜为 30~40mm，离钢筋净距不宜小于 40mm；

c）分仓后应在预制构件相应位置做出分仓标记。

c. 连通灌浆腔封边应符合下列要求：

a）宜采用封边内衬工具和封边砂浆进行施工，并应充分密封连通灌浆腔边缘。封边砂浆拌合物稠度宜为 60~70mm。封边成型后的砂浆宽度宜为 15~20mm；

b）封边完成后应对砂浆进行养护，封边砂浆抗压强度达到 20MPa 以上且与上下面混凝土粘结牢固后，方可进行灌浆施工。

d. 封边砂浆的选用应符合下列要求：

a) 当封边和分仓部位温度不低于 10℃时应选用常温型封边砂浆；夏季施工，当环境温度高于 30℃时，施工前应对构件表面采取降温措施；

b) 冬季施工，当封边和分仓部位温度大于 0℃、且小于 10℃时宜选用低温型封边砂浆，并应采用现场同环境温度条件下液态水拌合。

e. 每工作班应至少留置一组封边砂浆同条件养护 70.7mm×70.7mm×70.7mm 立方体试件。

2. 预制混凝土柱梁连接节点

（1）国标连接

采用梁柱预制，节点后浇：在梁柱节点处现浇，形成框架结构体系，如图 2-162 所示。

施工过程应注意构件安装先后顺序，保证梁梁连接钢筋、梁柱节点钢筋间距，梁柱节点核心区域箍筋绑扎顺序。核心区钢筋较密，浇筑混凝土时应认真振捣。

（2）键槽式连接

其原理是预制预应力混凝土叠合梁通过钢筋混凝土后浇部分将键槽式梁柱节点连成整体，形成框架结构，如图 2-163 所示。

1）预制梁吊装就位后，应根据设计要求在键槽内安装 U 形钢筋，并应采用可靠固定方式确保 U 形钢筋位置准确，安装结束后，封堵节点模板；

2）浇筑混凝土前，应对梁的截面，梁的定位，U 形钢筋的数量、规格，安装质量进行检查；

3）键槽节点处的混凝土应符合《预制预应力混凝土装配整体式框架结构技术规程》JGJ 224 的规定。

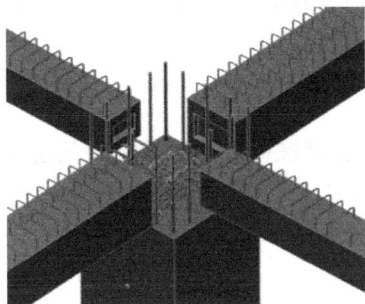

图 2-162　国标连接示意图

图 2-163　键槽式连接

（3）藤田连接

藤田连接是将梁柱节点现浇，对梁弯折后的下铁附加插筋或者集中弯折至柱中心，如图 2-164 所示。

该节点通过插筋方式或集中弯折锚固的方式，使左右梁的底部钢筋发生交错，并挤进梁柱节点内，大大改善了节点核心区混凝土的浇筑质量。由于两侧梁底纵向钢筋需要交叉错开，锚入节点核心区比较困难，对预制加工精密度要求较高，对施工误差控制要求较高，而且为了方便梁纵筋伸入节点，柱截面会偏大。

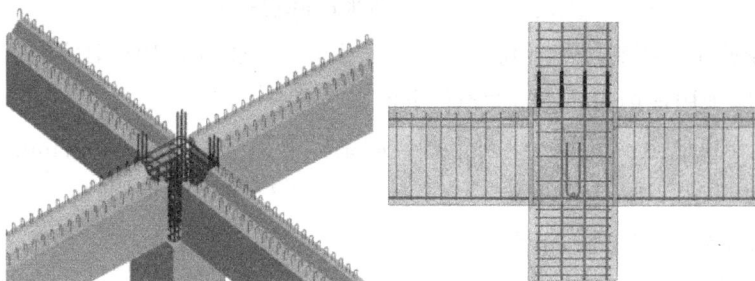

图 2-164 藤田连接示意图

3. 预制混凝土柱与钢梁连接节点

预制混凝土柱与钢梁一般采用螺栓连接、栓焊连接，如图 2-165 所示。

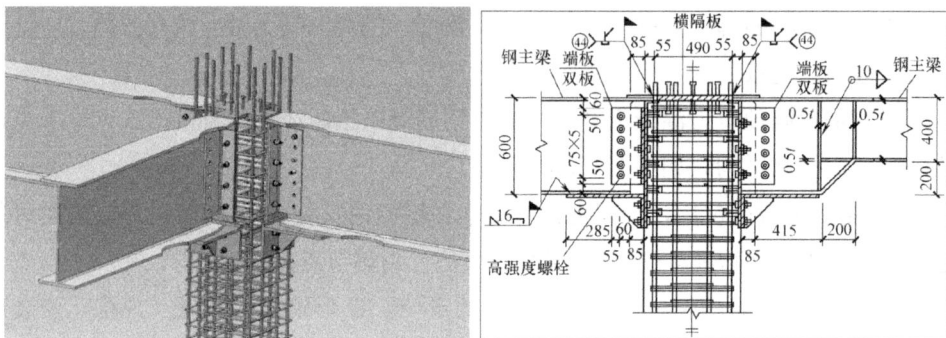

图 2-165 梁柱节点示意图

（1）工艺流程

预制柱预埋螺栓→预制柱安装→钢梁就位→安装螺栓固定→钢梁校正→安装高强度螺栓→替换安装螺栓→高强度螺栓初拧→终拧→涂装施工。

（2）安装要点

预制柱与钢梁的连接是在预制柱施工时预埋高强度螺栓，通过耳板将预制柱与钢梁连接（图 2-166），具体连接工艺见高强度螺栓施工工艺方法。

图 2-166 预制柱钢梁节点安装施工（一）

图 2-166　预制柱钢梁节点安装施工（二）

4. 钢柱钢梁连接节点

钢柱钢梁的连接一般有高强度螺栓连接、焊接连接等连接方式。

（1）高强度螺栓施工工艺和方法

1）高强度螺栓安装施工流程

高强度螺栓安装施工流程图如图 2-167 所示。

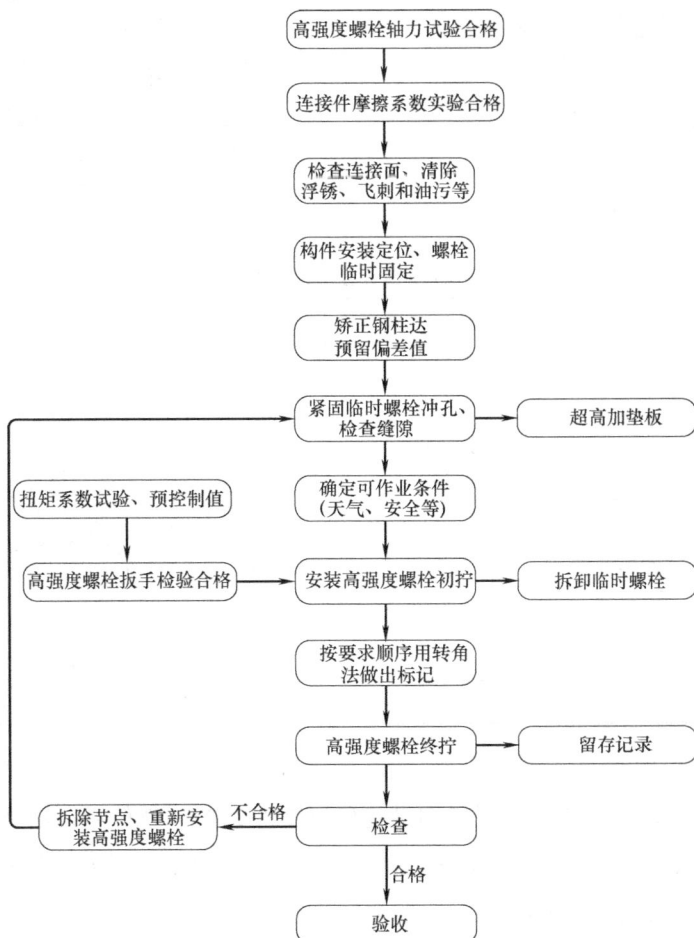

图 2-167　高强度螺栓安装施工流程图

2）高强度螺栓紧固顺序（表 2-14）

高强度螺栓紧固顺序表　　　　　　表 2-14

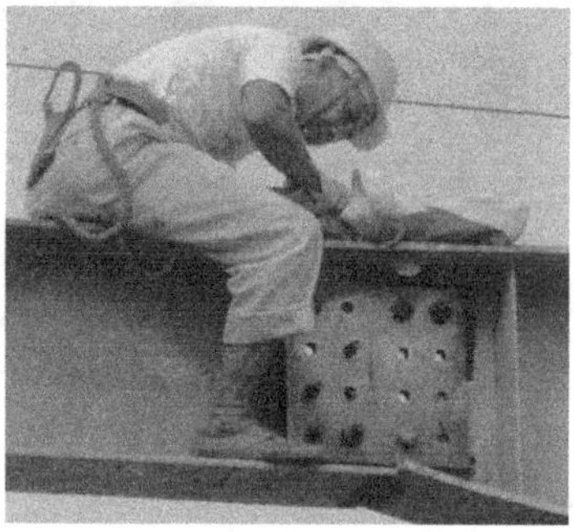

临时螺栓固定钢构件

用高强度螺栓替换安装螺栓

按对称顺序，由中央向四周初拧、终拧高强度螺栓，并标识

3）临时螺栓安装

① 当构件吊装就位前，先现场测量孔位（图 2-168），就位后，用橄榄冲对准孔位（橄榄冲穿入数量不宜多于安装螺栓的 30%），如图 2-169 所示，在适当位置插入临时螺栓，然后用扳手拧紧，使连接面结合紧密。

② 安装螺栓安装时，注意不要使杂物进入连接面。

③ 螺栓紧固时，遵循从中间开始，对称地向周围进行的顺序。

④ 安装螺栓的数量不得少于本节点螺栓安装总数的 30% 且不得少于 2 个安装螺栓。

⑤ 严禁使用高强度螺栓兼作安装螺栓，以防损伤螺纹引起扭矩系数的变化。

⑥ 一个安装段完成后，经检查确认符合要求方可安装高强度螺栓。

图 2-168　现场测量孔位　　　　　　图 2-169　橄榄冲对孔

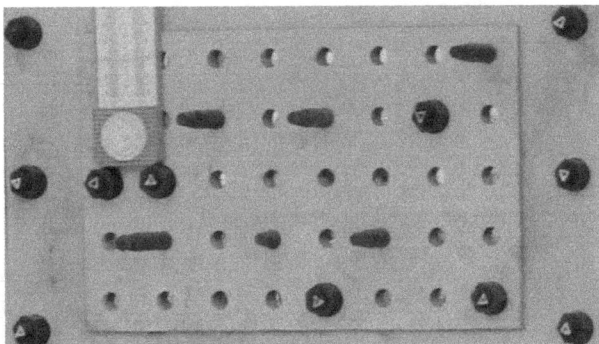

4）高强度螺栓安装

① 待吊装完成一个施工段，钢构形成稳定框架单元后，开始以从刚性端向自由端的顺序安装高强度螺栓，如图 2-170 所示。

② 扭剪型高强度螺栓安装时应注意方向：螺栓的垫圈安在螺母一侧，垫圈孔有倒角的一侧应和螺母接触。

③ 螺栓穿入方向以便利施工为准，每个节点应整齐一致，穿入高强度螺栓用扳手紧固后，再卸下安装螺栓。

④ 高强度螺栓的紧固，至少分两次进行。第一次为初拧：初拧扭矩可取施工终拧扭矩的 50%。第二次紧固为终拧，如图 2-171 所示，终拧扭矩按规范及设计要求确定，扭剪型高强度螺栓终拧时应将梅花卡头拧掉，大型节点应在初拧和终拧间增加复拧，复拧扭矩应等于初拧扭矩。

⑤ 紧固接头时，高强度螺栓的初拧和终拧，都要从螺栓群中央开始，向四周对称扩散方式进行紧固。

⑥ 初拧完毕的螺栓，应做好标记以供确认，为防止漏拧，当天安装的高强度螺栓，当天应终拧完毕。

⑦ 因空间狭窄，高强度螺栓扳手不宜操作部位，可采用加高套管或用力矩扳手完成初拧和终拧工作。

⑧ 高强度大六角头螺栓施拧可采用扭矩法或转角法，施工用的扭矩扳手使用前应进行校正，其扭矩相对误差不得大于 ±5%，校正用的扭矩扳手，其扭矩相对误差不得大于 ±3%。

⑨ 扭剪型高强度螺栓应全部拧掉尾部梅花卡头为终拧结束，终拧后及时进行

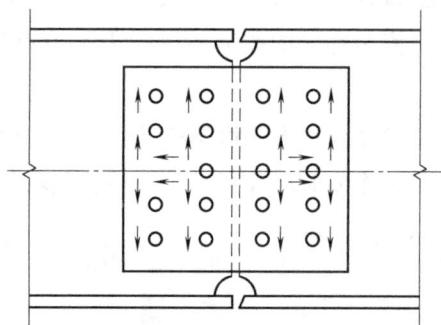

图 2-170　高强度螺栓安装顺序

图 2-171　高强度螺栓终拧

标识。

5）注意事项

① 钢构件安装前应清除飞边、毛刺、氧化铁皮、污垢等。已产生的浮锈等杂质，应用电动角磨机认真刷除。

② 雨天不得进行高强度螺栓安装，雨后作业，需用氧气、乙炔火焰吹干作业区连接摩擦面，摩擦面上和螺栓上不得有水及其他污物，并要注意气候变化对高强度螺栓的影响。

③ 高强度螺栓不能自由穿入螺栓孔位时，可用绞刀或锉刀扩孔后再插入，修扩后的螺栓孔最大直径不应大于 1.2 倍螺栓公称直径，扩孔数量应征得设计单位同意。

④ 扭剪型螺栓的初拧和终拧由电动剪力扳手完成，因构造要求未能用专用扳手终拧螺栓的由亮灯式的扭矩扳手来控制，确保达到要求的最小力矩。

⑤ 扭剪型高强度螺栓终拧应以拧掉螺栓尾部梅花头为准，少数不能用专用扳手终拧的螺栓，可按高强度大六角头螺栓施拧方法进行施拧，扭矩系数应取 0.13，然后用无齿锯切掉梅花头。

（2）焊接施工工艺

钢结构中一般采用的焊接方法有：焊条电弧焊、气体保护电弧焊、药芯焊丝自保护焊、埋弧焊、气电立焊、电渣焊、电阻焊、栓钉焊及其组合。

1) 焊条电弧焊

① 材料及主要机具

电焊条：其型号按设计要求选用，必须有质量证明书。按要求施焊前经过烘焙。严禁使用药皮脱落、焊芯生锈的焊条。设计无规定时，焊接 Q235 钢时宜选用 E43 系列碳钢结构焊条；焊接 16Mn 钢时宜选用 E50 系列低合金结构钢焊条；焊接重要结构时宜采用低氢型焊条（碱性焊条）。按说明书的要求烘焙后，放入保温桶内，随用随取。酸性焊条与碱性焊条不准混杂使用。

引弧板：用坡口连接时需用弧板，弧板材质和坡口形式应与焊件相同。

主要机具：电焊机（交、直流）、焊把线、焊钳、面罩、小锤、焊条烘箱、焊条保温桶、钢丝刷、石棉条、测温计等。

② 作业条件

熟悉图纸，做焊接工艺技术交底。

现场供电应符合焊接用电要求。

环境温度低于 0℃，对预热、后热温度应根据工艺试验确定。

③ 施工工艺流程（图 2-172）

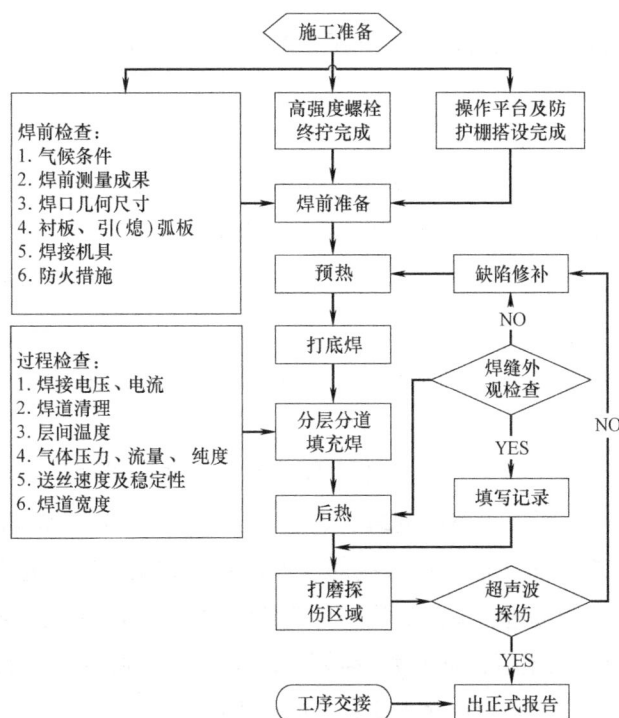

图 2-172　焊接工艺流程图

④ 操作要点

a. 引弧时必须将焊条末端与焊件表面接触形成短路，然后迅速将焊条向上提起2～4mm 的距离，此时电弧即引燃。引弧的方法有两种：碰击法和擦划法，如图 2-173 所示，引弧点的选择如图 2-174 所示。

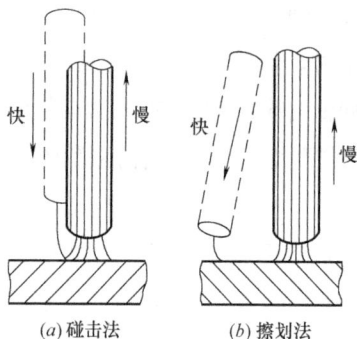

图 2-173　引弧方法　　　　图 2-174　引弧点的选择

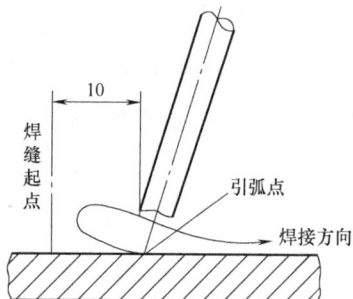

b. 电弧引燃后，开始正常的焊接过程，为了控制熔池温度，使焊缝具有一定的宽度和高度，一般采用直线形、直线往返形、锯齿形、月牙形、三角形、圆圈形等几种运条手法。

c. 电弧中断和焊接结束时，应把收尾处的弧坑填满。一般收尾动作有划圈收尾法、反复断弧收尾法、回焊收尾法等

d. 当换焊条或临时停弧时，应将电弧逐渐引向坡口的斜前方，同时慢慢抬高焊条，使得熔池逐渐缩小。

⑤ 注意事项

a. 定位焊缝的位置，应避开焊缝起始和终端，并应避免在产品的棱角、端部、角落等强度和工艺上容易出问题的部位进行定位焊接。

b. 当为 T 型接头时，应从两面对称进行定位焊接；同时应尽量避免在坡口内进行定位焊接。

c. 当为坡口全熔透焊接时，如采用背面清根，其定位焊接应在清根的坡口中实施。

d. 焊接垫板、引熄弧板的组装焊接位置，应按照有关标准实施。

e. 组装焊接所选用焊接材料应与正式焊接时的一致，采用与实际焊接时相同的焊接材料，高强度钢与低强度钢间的组装焊接应按低强度钢选择焊接材料。

f. 组装定位焊接的施工应按照编制的《焊接专项方案》进行施工。组装定位焊接完成后，应对定位焊缝进行清除后检查焊缝外观质量，确认有无裂缝等有害缺陷。

g. 为了构件组装固定以及防止焊接收缩变形所采用的焊接在构件上的支撑等，在全部的焊接施工完成后必须彻底去除，并应将焊接部位修整与周围母材平滑，并应检查有无缺陷残留，确认无裂缝等有害缺陷。

2）二氧化碳气体保护焊

① 主要材料及要求

a. 钢材及焊接材料应按施工图的要求选用，其性能和质量必须符合国家标准和行业标准的规定，并应具有质量证明书或检验报告。如果用其他钢材和焊材代换时，须经设计单位同意，并按相应工艺文件施焊。

b. 焊丝成分应与母材成分相近，主要考虑碳当量含量，它应具有良好的焊接工艺性能。焊丝含 C 量一般要求<0.11%。其表面一般有镀铜等防锈措施。目前我国常用的 CO_2 气体保护焊焊丝是 H08Mn2SiA，它适用于焊接低碳钢和抗拉强度为 500MPa 级的低合金结构钢。H08Mn2SiA 焊丝熔敷金属的机械性能详见《气体保护电弧焊用碳钢、低合金钢焊丝》GB/T 8110。

c. CO_2 气体纯度不低于 99.5%，含水量和含氧量不超过 0.1%，气路系统中应设置干燥器和预热装置。当压力低于 10 个大气压时，不得继续使用。

d. 焊件坡口形式的选择要考虑在施焊和坡口加工可能的条件下，尽量减小焊接变形，节省焊材，提高劳动生产率，降低成本。一般主要根据板厚选择，见《气焊、焊条电弧焊、气体保护焊和高能束焊的推荐坡口》GB/T 985.1。

e. 焊缝坡口的基本形式与尺寸依据钢板对接接头的两板厚度差具体确定。

② 作业条件

a. 焊接区应保持干燥，不得有油、锈和其他污物。

b. 当焊接区风速过大而影响焊接质量时，应采用挡风装置，对焊接现场进行有效防护后，方可开始焊接。

c. 焊前应对焊丝仔细清理，去除铁锈和油污等杂质。

d. 施焊前，焊工应复核焊接件的接头质量和焊接区域的坡口、间隙、钝边等的处理情况。当发现有不符合要求时，应修整合格后方可施焊。

③ 施工操作要点

a. 施焊前打开气瓶高压阀，将预热器打开，预热 10～15min，预热后打开低压阀，调到所需气体流量后焊接。

b. 直径不大于 1.2mm 时，二氧化碳气体流量一般为 6～15L/min 为宜。当选用大电流焊时，焊速提高，室外焊及仰焊时，应采用较大气体流量。

c. 焊丝伸出长度以 10 倍焊丝直径为宜。焊丝直径的选择根据板厚的不同选择不同的直径，为减少杂含量，尽量选择直径较大的焊丝。

d. 为保证焊接过程的稳定性，细丝导电嘴孔径一般不大于焊丝直径的 0.1～0.25mm，粗丝焊导电嘴孔径一般应不大于焊丝直径的 0.20～0.40mm。送丝软管内的曲率半径不得小于 150mm。

e. 二氧化碳气体保护焊必须采用直流反接，焊接电流和电弧电压需经试验确定。

f. 重要焊缝要加引弧板，熄弧板，其材质和坡口形式应与焊件相同。引弧和熄弧焊缝长度，引弧和熄弧板长度应经试验确定。引弧和熄弧板应采用气割的方法切除，并修磨平整，不得用锤击落。

g. 打底焊层高度不超过 4mm，填充焊时焊枪横向摆动，使焊道表面下凹，且高度低于母材表面 1.5～2mm；盖面焊时焊接熔池边缘应超过坡口棱边 0.5～1.5mm，防止咬边。

h. 半自动焊时，焊速不超过 0.5m/min。

i. 不应在焊缝以外的母材上打火引弧。

3）栓钉焊接

① 主要施工机具

栓钉焊机、焊枪、经纬仪、卷尺、钢板尺、记号笔、墨汁、气割枪，氧气瓶，乙炔瓶等。

② 作业条件

钢结构构件表面的油漆应清除，没有露水、雨水、油及其他影响焊缝质量的污渍。空气相对湿度不大于 85%。

施工所使用的栓钉和配套使用的瓷环应烘烤除湿。

栓钉施焊前进行工艺参数试验，其静力拉伸、反复弯曲、弯 90°角均需合格。每班焊接作业前，应至少试焊 3 个栓钉，并应检查合格后再正式施焊。

③ 施工工艺流程（图 2-175）

④ 操作要点

a. 焊枪要与工件四周呈 90°角，瓷环就位，焊枪夹住栓钉放入瓷环压实。

b. 搬动焊枪开关，电流通过引弧剂产生电弧，在控制时间内栓钉熔化，随枪下压，回弹、断弧，焊接完成，用小锤敲掉瓷环。

c. 穿透焊需采用螺旋钻开孔，镀锌板用乙炔氧焰载栓钉焊位置烘烤，敲击后双面除锌，不镀锌的板可直接焊接。

⑤ 栓钉焊接常见缺陷及调整措施（表 2-15）

（3）焊缝检测及不合格焊缝的处理

1）不合格焊缝的界定

① 错用了焊接材料：使用了与图样、标准规定不符的焊接材料制成的焊缝，在产品使用中可能会造成重大质量事故，致使产品报废。

② 焊缝质量不符合标准要求：焊缝的力学性能或物理化学性能未能满足标准要求或焊缝中存在缺陷超标。

③ 违反焊接工艺规程：在焊接生产中，违反焊接工艺规程的施焊容易在焊缝中留下质量隐患，这样的焊缝应被视为不合格焊缝。

④ 无证焊工施焊的焊缝：无证焊工所焊焊缝均视为不合格焊缝。

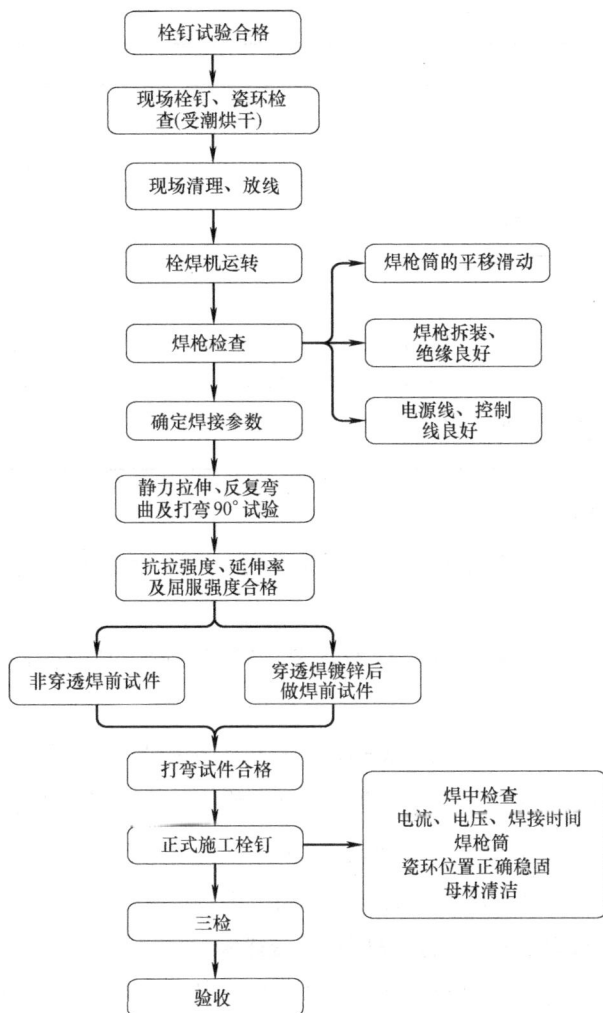

图 2-175 栓焊施工工艺流程图

栓钉焊接常见缺陷及调整措施
表 2-15

序号	外观显示	产生原因	调整措施
1	焊缝处颈缩。 焊后长度过长	下送长度或提升高度不够。 焊接能量过高	增加下送长度,检查瓷环的对中度及提升高度。 减小焊接电流或时间
2	含肉不饱满,不规则,表面呈灰色。 焊后长度过长	焊接能量过低。 瓷环受潮	增加焊接电流或时间。 烘干瓷环

续表

序号	外观显示	产生原因	调整措施
3	焊肉偏弧、咬边	磁偏吹影响。 瓷环中心未对正	检查对中
4	焊肉不饱满,有光泽,并有大量飞溅。焊后长度过短	焊接能量太大。 栓钉下送速度过快	减小焊接电流或时间。 调节下送长度或焊枪阻尼

2）不合格焊缝的处理

① 报废：性能无法满足要求或焊接缺陷过于严重，使得局部返修不经济或者质量不能保证的焊缝应作报废处理。

② 回用：有些焊缝虽然不满足标准要求，但不影响产品的使用性能及要求，可做"回用"处理。

③ 返修：焊缝金属或母材的缺欠超过相应的质量验收标准时，可采用砂轮打磨、碳弧气刨、铲凿或机械等方法彻底清除，通过返修来修复。返修要求如下：

a. 返修焊接之前，使用角磨机进行焊道表面氧化物打磨，直至露出金属本色，对于焊缝尺寸不足、咬边、弧坑未填满等缺陷应进行焊补。

b. 焊瘤、凸起或余高过大的，采用砂轮或碳弧气刨清除过量的焊缝金属。

c. 焊缝凹陷或弧坑、焊缝尺寸不足、咬边、未熔合、焊缝气孔或夹渣等应在完全清除缺陷后进行补焊。

d. 焊缝或母材的裂纹应采用磁粉、渗透或其他无损检测方法确定裂纹的范围及深度，用砂轮打磨或碳弧气刨清除裂纹及其两端各 50mm 长的完好焊缝或母材，修整表面或磨除气刨渗碳层后，并用渗透或磁粉探伤方法确定裂纹是否彻底清除，再重新进行补焊。对于拘束度较大的焊接接头上焊缝或母材上裂纹的返修，碳弧气刨清除裂纹前，宜在裂纹两端钻止裂孔后再清除裂纹缺陷。

e. 焊接返修的预热温度应比相同条件下正常焊接的预热温度提高 30～50℃，并采用低氢焊接方法和焊接材料进行焊接。

f. 返修部位应连续焊成，如中断焊接时，应采取后热、保温措施，防止产生裂纹，厚板返修焊宜采用消氢处理。

g. 焊接裂纹的返修，应通知专业焊接工程师对裂纹产生的原因进行调查和分析，制定专门的返修工艺方案后按工艺要求进行。

h. 承受动荷载结构的裂纹返修以及静载结构同一部位的两次返修后仍不合格时，

应对返修焊接工艺进行工艺评定，并经业主或监理工程师认可后方可实施。

i. 返修或重焊的焊缝应按原检测方法和质量标准进行检测验收，验收后应填报返修施工记录及返修前后的无损检测报告，作为工程验收及存档资料。

2.3.4 机电装饰装修一体化

2.3.4.1 装配式机电

装配式机电主要体现在模块化组装技术，目前应用的一些机电模块化技术，主要有以下几类：机电安装管线类模块化技术、机电设备模块化技术、机电辅助设施类模块化技术及其他类机电模块化技术。

1. 机电安装管线类模块化技术

主要涵盖了管线系统模块化制作安装技术、组合立管模块化技术、管道预制加工生产技术等。

（1）管线系统模块化组装技术

管线系统模块化组装技术是针对水平密集管线群施工质量难以提高、施工效率低、危险性大等诸多问题提出的解决方法。其基本原理是将每个管线或设备组视为一个单元，每6～8m水平管组为一节。通过深化设计，绘制详细的管道布置及管节加工图，在工厂进行预制生产。每一根管道按图纸位置固定在管架上，从而使管道与支吊架之间，支吊架与支吊架之间，管道与管道之间形成稳定的整体（节）。如图2-176所示。

图2-176 管线模块示意图

整套模块化管线系统包括：管线预制→支吊架设计加工→管线安装施工→管线试压。依据分割成的相应管线模块组，在建造过程中分批次运往安装现场，整体安装施工调试。

（2）组合立管模块化技术

组合立管模块化技术，用于多层建筑的管井管道安装，包括若干组立管系统模

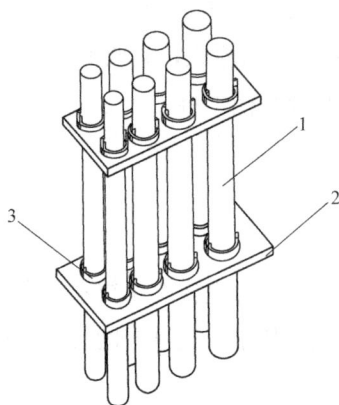

图 2-177　组合立管
1—立管；2—管道支架；3—定位管卡

块，每组立管系统模块包括管道支架以及固定在所述管道支架上的若干根立管，相邻两根立管之间的间距一致，立管长度与楼层高度相适配；立管系统模块所在管井与楼层的楼板为整体浇筑，且上、下两组立管系统模块的立管之间位置一一对应，形成稳定的管井结构。如图 2-177 所示。

其主要实施流程为：

1) 组合立管深化设计

根据竖井综合排布图进行二次深化，绘制组合立管组管井排布图；再根据立管组管井排布图绘制零件加工图，依据零件加工图进行制作。

2) 组合立管加工试验

根据组合立管零件加工图的要求，分别进行管组加工和安装、转立吊装试验环节。如图 2-178 所示。

图 2-178　转立吊装试验

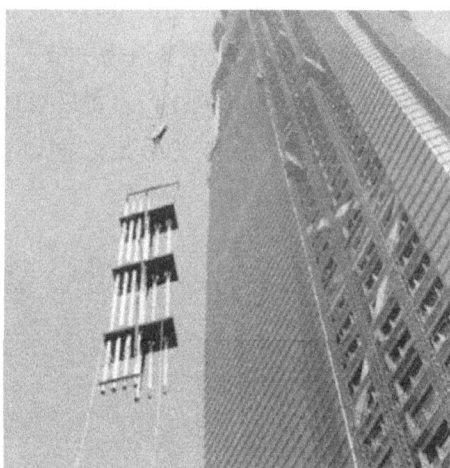

图 2-179　组合立管吊装运输过程

3) 组合立管吊装运输

管组通过塔式起重机吊运至倒运层卸料平台，再通过卷扬机和倒运小车等设备将构件运至核心筒内部吊装设备下部。如图 2-179 所示。

4) 组合立管组就位安装

管组就位后安排焊工对对接管组进行焊接施工，焊接后进行相控阵超声检测成像探伤检查，组合立管组施工完毕后管架密封板上层土建可进行打灰处理，满足防火要求。

(3) 管道预制加工生产技术

通过引进管道自动化预制生产线技术，形成了固定式和移动集装箱式两种标准化管道预制生产流程，实现了采用计算机软件绘图、统计，实时监控管道预制生产线的进料、出库、无损检测等生产过程和焊接质量标准化流程，管道预制焊口合格率已达到 98.5%。

管道预制加工是预先在设计建模时将施工所需设备的参数输入到模型当中，将模型根据现场实际情况进行调整，调整完成后再将设备的各个信息导出得到完整的管道预制加工图。依据加工图按以下流程实施管道预制加工：施工准备→BIM 软件精准建模→进行模型与施工场地复核，确定管道下料尺寸及相应配件→利用精确的 BIM 模型图确定管道预制加工图，并对管道进行分解、编号→管道、支吊架加工制作→管道批量运输→现场组装→管道焊接、试压验收。如图 2-180 所示。

图 2-180　管道预制加工生产线示意图

2. 机电设备模块化技术

以撬装化制冷机房为代表，包含了循环水泵预制单元、集分水器预制单元、空调风机盘管阀门组预制单元和支撑钢结构框架预制单元等。

（1）循环水泵预制单元

其组装施工流程：图纸制作→减震台→基础浇筑→安装水泵→进出水管阀门组制作→拼装。

制冷机房空间狭小，在施工前充分考虑安装空间，制作精确模型后，再根据模型出施工图，将水泵区域作为一个单元进行预制施工。基础浇筑完成后，再在基础上制作减震台座，后将水泵安装于减震台座上，同时制作水泵进出水管端的管道阀门单元体，制作完成后进行拼装与固定。

（2）集分水器预制单元

其组装施工流程：图纸制作→集分水器安装→管道及阀门组合体制作→拼装及固定。具体为：先绘制精确制冷机房模型，再根据模型对集分水器区域进行预制单元体施工，将深化后的集分水器大样图提交厂家进行制作，同时浇筑混凝土基础，集分水

117

器及基础完成后，安装集分水器，集分水器上管道与阀门进行组合预制，预制完成后进行拼装与固定。

（3）空调风机盘管阀门组预制单元

其组装施工流程：施工准备→测量、下料→组装→样板验收→批量生产→现场拼装。

空调器、风机盘管总数量基数大，相同规格型号的设备数量较大，空调机房之间的布局也大体相同，相同型号设备的接管阀门组预制组合，批量生产创造了十分有利的条件，将BIM模型与现场测量结合起来，由测量下料到预制组合，再到现场拼装，形成流水线施工，大大提高设备接管的安装效率。

3. 机电辅助设施类模块化技术

机电辅助设施类模块化技术以装配式调节型支吊架为代表，克服了传统焊接支吊架存在的一些缺点，包括：①材料浪费；②安全隐患，焊接支吊架制作过程易引燃施工现场的易燃物，存在隐患；③环境污染；④安装成本较高；⑤美观性较差。

装配式调节型支吊架由管道连接的管夹构件与建筑结构连接的生根构件构成，将这两种结构件连接起来的承载构件、减震构件、绝热构件以及辅助安装件，构成了装配式支吊架系统。除可满足不同规格的风管、桥架、系统工艺管道的应用，尤其在错层复杂的管路定位和狭小管笼、平顶中施工，更可发挥灵活组合技术的优越性。根据BIM模型确认的机电管线排布，通过数据库快速导出设计支吊架形式，经过强度计算确认支吊架型材选型，设计制作装配式组合支吊架，如图2-181所示。现场仅需简单机械化拼装，减少现场测量、制作工序，减少现场测量预制人工，降低材料废弃率、安全隐患，实现施工现场绿色、节能。

图 2-181　装配式支吊架安装图

2.3.4.2　装配式厨卫

1. 装配式整体厨房

装配式整体厨房是由工厂生产的楼地面、吊顶、墙面、橱柜、厨房设备及管线等

集成并主要采用干式工法装配完成的厨房。整体厨房是将厨房部品（设备、电器等）
按人们所期望的功能以橱柜为载体，将燃气具、电器、用品、柜内配件依据相关标
准，科学合理地集成一体，形成空间布局最优、劳动强度最小并逐步实现操作智能化
和实用化的集成化厨房（图 2-182）。它是以住宅部品集成化的思想与技术为原则来
制定住宅厨房设计、生产与安装配套，使住宅部品从简单的分项组合上升到模块化集
成，最终实现住宅厨房的商品化供应和专业化组装服务。

厨房部品装配的前提是住宅的各部件尺寸协调统一，即遵循统一的模数制原则，
模数是装配式整体厨房标准化、产业化的基础，是厨房与建筑一体化的核心。模数协
调的目的是使建筑空间与整体厨房的装配相吻合，使橱柜单元及电器单元具有配套
性、通用性，互换性，是橱柜单元及电器单元装入、重组、更换的最基本保证。因
此，建筑空间要满足橱柜模数尺寸系列表和橱柜安装环境的要求，橱柜、电器、机具
及相关设施要满足产品模数。

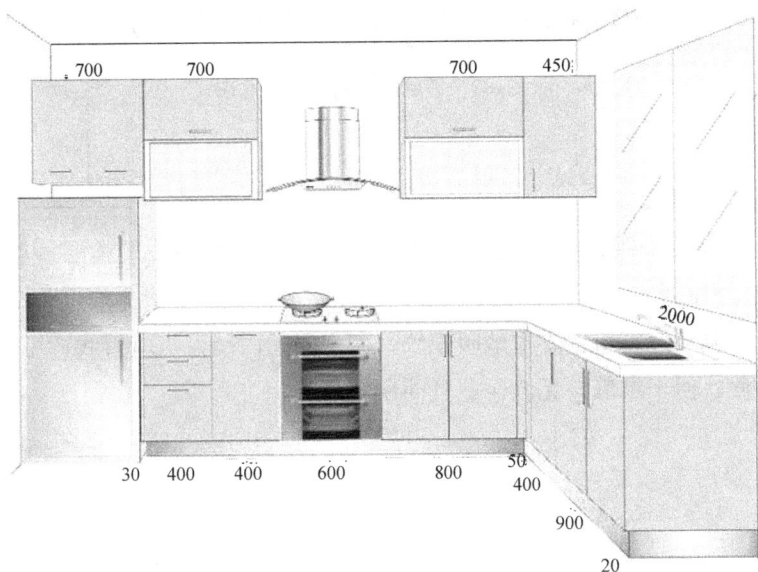

图 2-182　装配式厨房示意图

2. 装配式整体卫生间

装配式整体卫生间由工厂生产的楼地面、吊顶、墙体和洁具设备及管线等集成并
主要采用干式工法装配完成的卫生间（图 2-183），整体式卫生间也称为模块化预制
卫生间（Modular Prefab Bathroom Pods，简称 POD），它是在工厂化组装控制条件
下，遵照给定的设计和技术要求进行精准生产，在质量和成本上达到最优控制。一套
成型的集成式卫生间产品包括顶板、壁板、防水底盘等外框架结构，也包括卫浴间内
部的五金、洁具、瓷砖、照明以及水电风系统等内部组件，可以根据使用需要装配在
酒店、住宅、医院等环境中，为"即插即用"的成型产品。

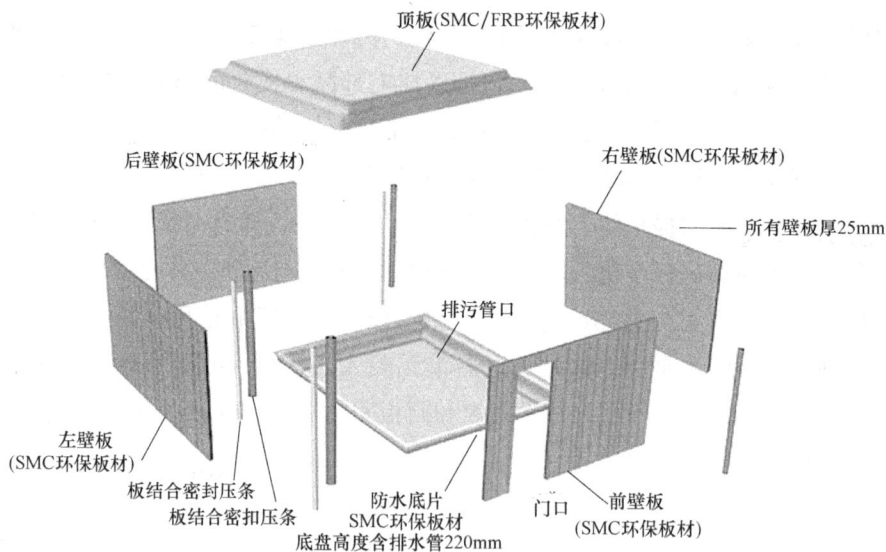

顶板(SMC/FRP环保板材)

后壁板(SMC环保板材)

右壁板(SMC环保板材)

所有壁板厚25mm

排污管口

左壁板
(SMC环保板材)

板结合密封压条
板结合密扣压条

防水底片
SMC环保板材
底盘高度含排水管220mm

门口

前壁板
(SMC环保板材)

图 2-183 集成卫生间分解示意图

2.3.4.3 其他

1. 装配式楼地面

装配式式快装采暖地面由可调节地脚组件、地暖模块、平衡层和饰面层组成（图 2-184），用于居室、厨房、卫生间和封闭阳台等部位。其设计高度为 110mm。在楼板上放置可调节地脚组件支撑地暖模块，架空空间内铺设机电管线，可灵活拆装使用，安装方便，便于维修，无湿作业且使用寿命长。

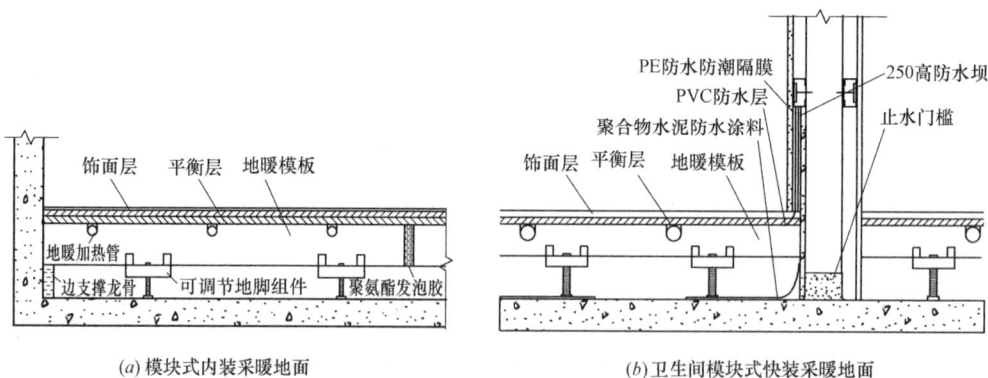

(a) 模块式内装采暖地面

(b) 卫生间模块式快装采暖地面

图 2-184 采暖地面构造

可调节地脚组件由聚丙烯支撑块、丁腈橡胶垫及连接螺栓等配件组成。在边支撑龙骨与可调节地脚组件上架设地暖模块，可调节地脚组件与地暖模块用自攻螺丝连接。地暖模块间隙为 10mm，用聚氨酯发泡胶填充严实。通过连接螺栓架空支撑地脚组件可方便地调节地暖模块的高度及面层水平以避免楼板不平的影响，在架空地面内铺设管线还可起隔声作用。地暖模块由镀锌钢板内填塞聚苯乙烯泡沫塑料板材组成，具有保温隔声作用，并使热量向上传递，以充分利用热能。地暖加热管敷设在地暖模块的沟槽内，不应有接头，不得突出模块表面。平衡层采用燃烧性能为 A 级的 8mm 厚无石棉硅酸钙板。带压铺贴第一层平衡层，铺贴完成检查加热管无渗漏后方可泄压；随即铺贴第二层平衡层，该平衡层与第一层平衡层水平垂直铺贴；饰面层采用 2mm 厚石塑地板（卫生间饰面层采用 8mm 厚表面经防滑、耐磨处理的涂装板）。石塑地板铺贴前应在现场放置 24h 以上，使材料记忆性还原，温度与施工现场一致，铺贴时两块材料间应贴紧无缝隙。

2. 装配式复合墙体

快装轻质隔墙由轻钢龙骨内填岩棉外贴涂装板组成（图 2-185），用于居室、厨房、卫生间等部位隔墙。快装轻质隔墙体系可根据住户居住空间实际需求灵活布置，采用干法制作，具有装配速度快、轻质隔声、防腐保温和防火等特点。

隔墙天地龙骨和竖向龙骨采用轻钢龙骨，并根据壁挂物品设置加强龙骨；填充墙内岩棉等燃烧性能 A 级的不燃材料，填塞于隔墙内，可起防火隔声作用；装饰面层采用涂装板，与龙骨间采用结构密封胶粘接，板间缝隙用防霉型硅酮玻璃胶填充凹缝并勾缝光滑。

卫生间隔墙一般设 250mm 高防水坝，宜采用 8mm 厚硅酸钙板，防水坝与结构地面相接处用聚合物砂浆抹成斜角。沿墙面横向铺贴 PE 防水防潮隔膜，底部与防水坝表面防水层搭接不少于 100mm，用聚氨酯弹性胶粘接，铺贴至结构顶板板底，形成整体防水防潮层。

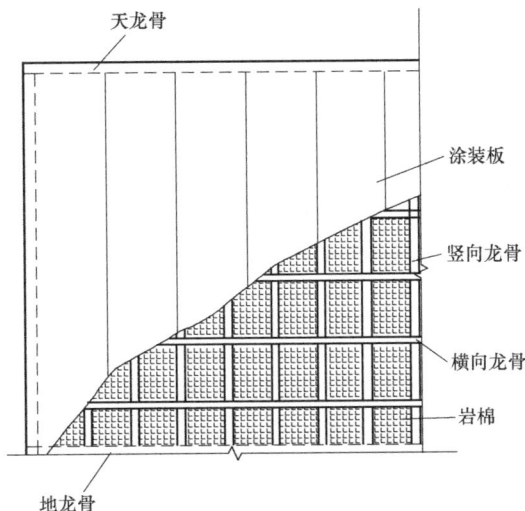

图 2-185　快装轻质隔墙构造示意图

3. 装配式吊顶

装配式龙骨吊顶由铝合金龙骨和涂装板外饰面组成（图 2-186），用于厨房、卫生间和封闭阳台等部位吊顶。吊顶边龙骨沿墙面涂装板顶部挂装，固定牢固，边龙骨阴阳角处应切割成 45°拼接，以保证接缝严密，开间尺寸大于 1800mm 时，应采用吊杆加固措施。吊顶板开排烟孔和排风扇孔洞时应用专用工具，边沿切割整齐。

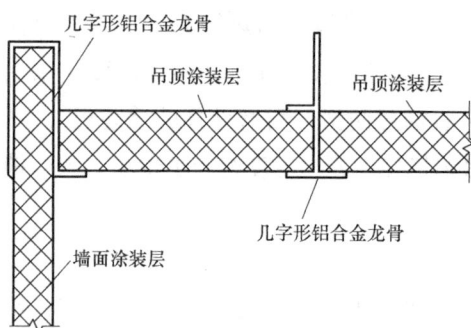

(a) 吊顶大样   (b) 吊顶安装情况

图 2-186　快装龙骨吊顶

第 3 章

装配施工管控

3.1 装配式建筑质量管控要点

装配式建筑的质量控制关键点在于构件间的连接，这是业内最为关心的，也是施工质量管控的重中之重，本节主要针对十种装配式产品体系的构件连接质量控制要点加以阐述。

3.1.1 钢筋灌浆套筒连接质量控制要点

目前国内装配式混凝土结构中，竖向构件的钢筋连接多采取灌浆套筒的方式。其施工质量控制要点主要有：

（1）管理要点

1）项目部应按规定配备足够的质量管理人员，质量管理人员至少有一人负责装配式连接节点施工全过程质量验收、影像资料管理。

2）灌浆作业人员应经培训考核后方可上岗作业，鼓励采用自有产业化工人实施灌浆作业。

3）灌浆作业前，应通过样板进行工艺工法模拟训练，同时检验所用材料的性能。

4）灌浆作业时，施工单位质量管理人员、监理单位监理工程师应旁站监督，并形成全过程视频资料。视频资料应真实、完整、清晰、无遮挡，并应妥善保管，及时备份。

（2）技术要点

1）套筒灌浆施工工艺流程如图 3-1 所示。

2）灌浆料搅拌加水量应按灌浆料使用说明书的要求确定，并应按重量精确计量；灌浆料拌合物应采用电动设备搅拌充分、均匀，搅拌时间 2～3min 为宜。

3）搅拌完成后宜静置 2min 后使用以消除气泡；灌浆料拌合物制备完成后，灌浆料拌合物宜在 30min 内用完，任何情况下不得再次加水；散落的拌合物不得二次

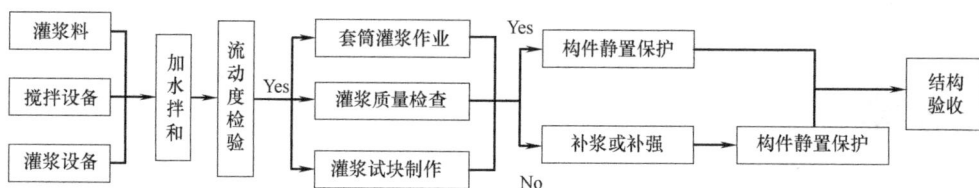

图 3-1　套筒灌浆施工工艺流程图

使用，剩余的拌合物不得再次添加灌浆料、水后混合使用。

4）普通灌浆料拌合物的温度宜为 10～30℃，当环境温度低于 5℃ 或高于 35℃ 时，应在拌和前控制好适宜水温（可使用冰水混合物控制搅拌用水温度等措施）。

5）竖向钢筋套筒灌浆连接，连通腔灌浆应采用压浆法从集中灌浆孔注入，注浆前应提前湿润灌浆设备管道，当设备灌浆枪嘴流出浆液呈圆柱状时，将灌浆枪嘴插入集中注浆孔，当灌浆料从构件套筒的灌浆孔、排浆孔流出后应及时封堵。

6）采用压浆法灌浆，灌排浆孔出浆后，应以出浆孔流出圆柱状灌浆料为宜，并应及时封堵。

7）当环境温度低于 5℃ 时，可采用低温专用灌浆料；低温专用灌浆料适用于环境温度 −5～10℃ 范围内，灌浆部位宜采取加热、覆盖等保障措施。施工时应制定具体低温施工专项方案，并进行技术论证。

8）灌浆料同条件养护试件抗压强度达到 35N/mm² 后，方可进行对接头有扰动的后续施工。

（3）灌浆设备及机具

灌浆设备和机具主要包括：搅拌设备、注浆设备、温度计、电子秤或指针式台秤、流动度截锥模及钢化玻璃板（500mm×500mm×6mm）、灌浆料抗压试块模组（40mm×40mm×160mm，三联）、浆料搅拌桶及拌合水容器、灌浆视频记录仪等。

搅拌设备主要包括：手持电动搅拌器和鼓式搅拌机，如图 3-2、图 3-3 所示。

搅拌设备对比见表 3-1。

图 3-2　手持式电动搅拌器

图 3-3　鼓式搅拌机

<table>
<tr><td colspan="4" align="center">搅拌设备对比　　　　　　　　　　　　　　　　　表 3-1</td></tr>
</table>

搅拌设备对比　　　　　　　　　　　　　　　　表 3-1

设备/机具	优点	缺点	适用范围
手持式电动搅拌器	操作简便,运行平稳,易于携带,搅拌均匀	为搅拌效率低,工人劳动强度大	适合小批量灌浆料搅拌
鼓式搅拌机	搅拌效率高,工人劳动强度低	体积较大,搬运较困难	适合较大批量的灌浆料搅拌

　　灌浆设备主要包括:手动灌浆器、气压式灌浆桶、螺杆式灌浆机、挤压式灌浆机等,如图 3-4～图 3-7 所示。灌浆设备的优缺点及适用范围见表 3-2。

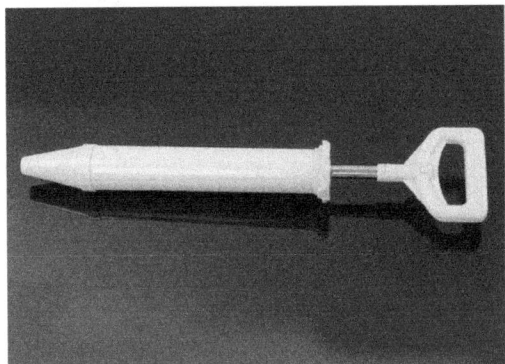

图 3-4　手动灌浆器

图 3-5　气压式灌浆桶

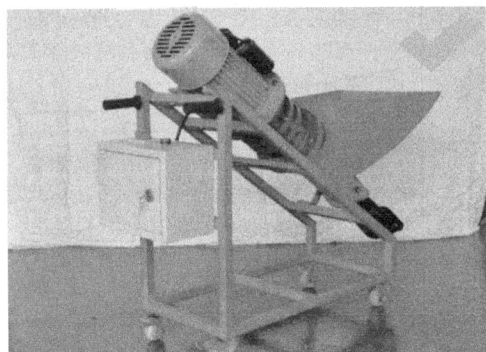

图 3-6　螺杆式灌浆机

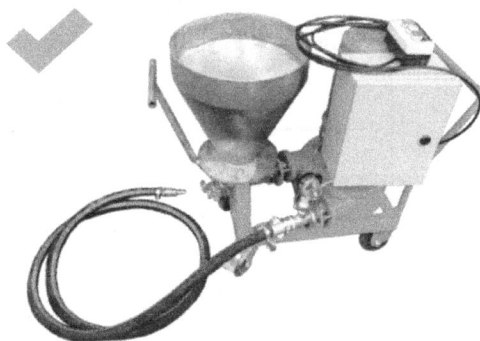

图 3-7　挤压式灌浆机

灌浆设备对比表　　　　　　　　　　　　　　　表 3-2

设备/机具	优点	缺点	适用范围
手动灌浆器	携带方便,操作简单	注浆效率较低	适用于对单个小直径灌浆连接套筒逐一灌浆
气压式灌浆桶	效率高、劳动强度低、能保压	操作较复杂、浆料过少时,易混进空气	适用于大直径灌浆连接套筒或采用连通腔方式对多个灌浆套筒灌浆
螺杆式灌浆机	体积小、重量轻,灌浆效率高,灌浆速度快,移动便捷	灌浆流速快,对封仓质量要求高	适用于大直径灌浆套筒或采用连通腔方式对多个灌浆套筒进行灌浆

设备/机具	优点	缺点	适用范围
挤压式灌浆机	压力高低可调、体积小,故障少,移动方便	设备清洗较困难,容易有干灰	适合于采用连通腔多个节点连续灌浆的预制构件灌浆连接施工

通过对比分析,灌浆设备宜选择螺杆式灌浆机或者挤压式灌浆机。

(4)施工现场的检验试验

施工现场灌浆套筒应做的检验试验见表3-3。

施工现场灌浆套筒检验试验   表3-3

单位	检验项	检验内容	检验要求及方法
施工单位	1. 技术资料检查	构件产品合格证、有效型式检验报告、接头工艺检报告、抗拉强度批检报告	检查质量证明文件、检验报告
	2. 灌浆料复验	对进场灌浆材料进行复检,检验内容包括:灌浆料拌合物初始流动度、30min流动度、泌水率、1d抗压强度、3d抗压强度、28d抗压强度、3h竖向膨胀率、24h与3h竖向膨胀率的差值,确保灌浆料符合规范要求	同一成分、同一批号的灌浆料,不超过50t为一批,随机抽取灌浆料制作试件。检验方法:检查质量证明文件和抽样检验报告
	3. 套筒进场检验	1. 技术资料检查; 2. 进厂质量外观检验; 3. 接头工艺检验; 4. 抗拉强度检验(批检)	同一批号、同一类型、同一规格的灌浆套筒,不超过1000个为一批,每批随机抽取10个灌浆套筒
	4. 接头工艺检验	当施工现场灌浆人员与工厂工艺检验灌浆人员不是同一批人时,重新进行工艺检验(可由工厂提供相同试件材料,施工现场灌浆人员完成试件制作)。	每种规格钢筋应制作3个对中套筒灌浆连接接头;灌浆料拌合物制作的40mm×40mm×160mm试件不少于1组;接头试件及灌浆料试件应在标准养护条件下养护28d后,进行抗拉强度试验。 当第一次工艺检不合格时,可再抽3个试件进行复检,复检仍不合格判为工艺检验不合格。 检验方法:检查抽样检验报告
	5. 灌浆施工检验	1. 灌浆施工中,对灌浆料拌合物的流动度进行检查	每个工作班取样不得少于1次。 检验方法:检查灌浆施工记录及流动度试验报告
		2. 灌浆施工中,灌浆料的28d抗压强度检验	每个工作班取样不得少于1次,每楼层取样不得少于3次。每次抽取1组40mm×40mm×160mm的试件,标准养护28d后进行抗压强度试验。用于检验抗压强度的灌浆料试件应在施工现场制作。 检验方法:检查灌浆施工记录及抗压强度试验报告

单位	检验项	检验内容	检验要求及方法
施工单位	5. 灌浆施工检验	3. 灌浆接头抗拉强度检验,可按《钢筋套筒灌浆连接应用技术规程》JGJ 355 的有关规定组批进行检验	同型号每批制作 3 个平行拉伸试件,灌浆料拌合物与施工平行取料灌入拉伸试件中,标准养护 28d 后,对拉伸试件进行抗拉强度检验。 检验方法:灌浆接头抗拉强度报告
		4. 灌浆密实饱满度检查	1. 所有灌排浆口均应 100% 进行出浆检查,100% 进行影像资料留存。 检验方法:用眼观察及检查灌浆施工记录及影像资料。 2. 每栋楼每 3 层取 3 点,进行随机探孔检验(内窥镜法)

3.1.2　不出筋叠合板密拼质量控制要点

不出筋叠合板(图 3-8)在设计阶段通过标准层不变,开间统一实现叠合板的标准化,降低了工厂开模的难度,提高了模具重复利用率,有效降低了叠合板生产成本;施工过程中减少了叠合板与其他结构的碰撞冲突,取消了板间的后浇带,加快了施工效率。其基本节点如图 3-8、图 3-9 所示。

图 3-8　不出筋叠合板

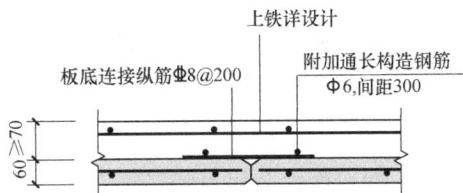

图 3-9　单向板密拼示意图

质量控制要点主要有:

(1)宜将叠合板优化为单向板。

(2)不出筋叠合板安装定位精度要求高,宜利用 BIM 技术进行叠合板定位放线及架体搭设(或有)位置模拟。利用经纬仪在预制梁上放出板缝位置定位线。

(3)叠合板安装时短边深入梁上 10mm,板长边与梁或板与板拼缝满足设计要求。

(4)吊装完后全数检查板与板拼缝处的高差,高差应控制在 3mm 以内。如采用有支撑的方式,为保证 2 块密拼叠合板底标高一致,可将两侧独立支撑调整到一块垫木下。

（5）叠合板间拼缝一般仅有几毫米的缝隙，采用干硬性砂浆掺入水泥用量 5％的防水粉进行塞缝处理。

3.1.3 双面叠合剪力墙连接质量控制要点

双面叠合剪力墙施工中预制构件的进场验收、堆放、测量放线、起重吊安、临时固定等质量控制的关键环节与预制钢筋混凝土剪力墙类似，本节主要介绍双面叠合剪力墙连接钢筋安装及混凝土浇筑的控制要点。

（1）连接钢筋安装

1）水平连接钢筋安装

楼层内相邻预制双面叠合剪力墙之间采用整体式接缝连接，约束边缘构件阴影区及构造边缘构件区域，采用后浇混凝土，并在后浇段内设置封闭箍筋。

① 安装时先将暗柱竖向主筋接高，套上下层箍筋，再将水平主筋全数放入双面叠合剪力墙空腔内，箍筋与水平主筋分层安装，最后将加强筋安装到位。

② 水平主筋可在一块墙板安装就位后先置入，待相邻墙板安装就位后拉出绑扎。

③ 后浇混凝土与预制墙板应通过水平连接钢筋连接，水平连接钢筋的间距宜与预制墙板中水平分布钢筋的间距相同，且不宜大于 200mm。水平连接钢筋的直径不应小于叠合剪力墙预制板中水平分布钢筋的直径。

④ 水平连接钢筋应紧贴内外页预制墙板布置。

2）竖向连接钢筋安装

上下楼层预制双面叠合剪力墙之间、双面叠合剪力墙与女儿墙之间水平接缝处应设置竖向连接钢筋，连接钢筋在上下层墙板中的锚固长度不应小于 $1.2l_{aE}$。如图 3-10 所示。

① 每次双面叠合剪力墙安装完在混凝土浇筑前均应用钢筋定位器安装预留连接钢筋。

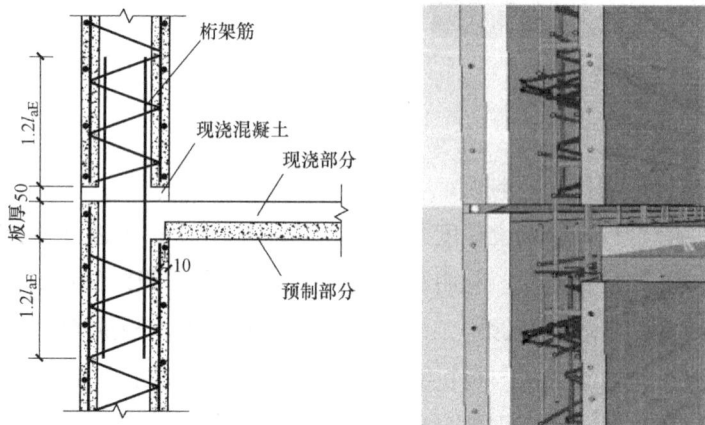

图 3-10 双面叠合剪力墙外墙板竖向连接钢筋节点示意图（一）

128

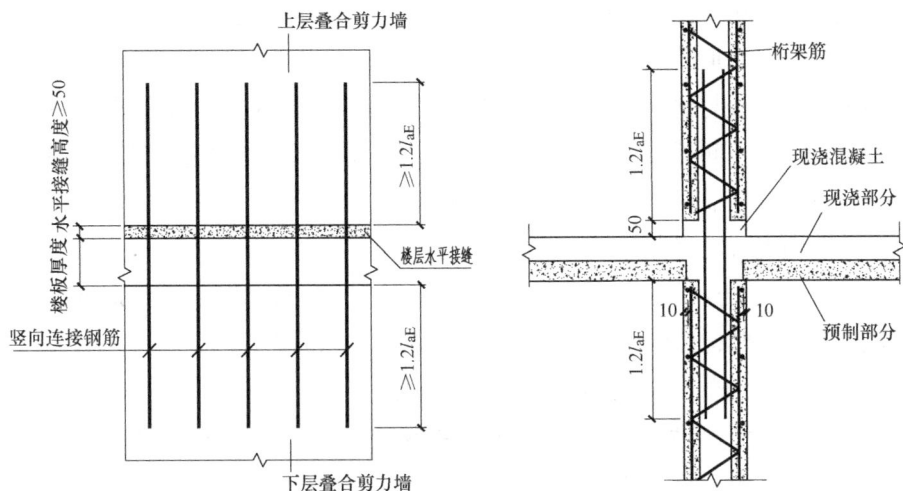

图 3-10　双面叠合剪力墙外墙板竖向连接钢筋节点示意图（二）

② 竖向连接钢筋应紧贴内外页预制墙板布置。

③ 竖向插入双面叠合剪力墙内腔钢筋应紧贴外页预制墙板，插入深度准确。

（2）模板安装及拼缝处理

双面叠合预制墙板替代了绝大部分传统墙板施工中的模板，因此双面叠合剪力墙结构适用模板含有：

1）双面叠合剪力墙间水平连接部位的后浇混凝土模板；

2）双面叠合剪力墙与分隔墙 T 型模板；

3）双面叠合剪力墙转角 L 型暗柱部位的后浇混凝土模板；

4）双面叠合剪力墙结构窗框或其他洞框与副框间部位模板，即窗门洞框封堵模板；

5）双面剪力墙竖向暗柱与叠合梁为后插钢筋预留口封堵模板。

双面叠合剪力墙结构支撑模板部位示意如图 3-11 所示。

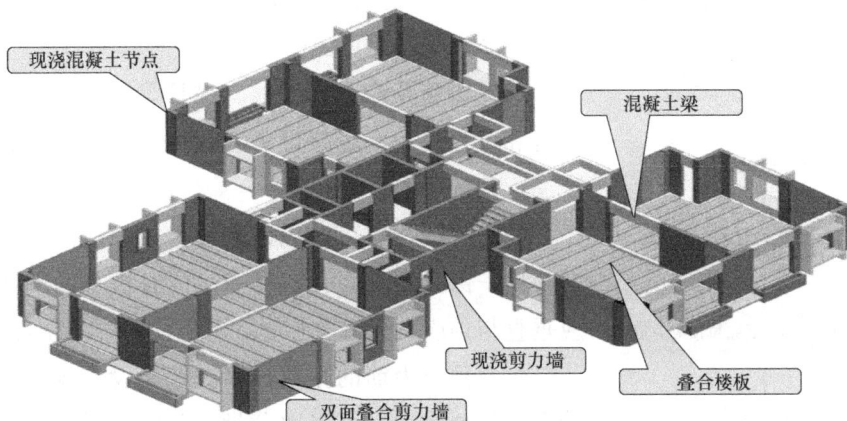

图 3-11　双面叠合剪力墙结构支撑模板部位示意图

模板支设：采用整体定型铝框覆塑组合模板，以利于快速安拆；合理设置侧模加固措施，保证模板变形受控。

拼缝处理：模板与预制混凝土构件结合部粘结海绵条，防止漏浆；双面叠合剪力墙板与地面（楼面）间预留的水平缝，用 50mm×50mm 的木方进行封堵，并用射钉将其固定，确保浇筑混凝土要求。

（3）空腔内混凝土浇筑

1）空腔内混凝土应保持水平向上分层连续浇筑，浇筑高度每层不宜超过 50cm，否则需重新验算预制构件侧向压力、模板压力及格构钢筋之间的距离。

2）空腔内混凝土应严格控制振捣，不得漏振。

① 当墙体厚度小于 250mm 时，混凝土振捣应选用 φ30mm 以下微型振捣棒，振捣时重点控制混凝土流淌的最近点和最远点。

② 门洞两侧混凝土应同时浇筑，以防侧模单侧受压而滑移、漏浆。预留洞口两侧适当加长振捣时间，以使模板底面混凝土浇筑密实。

③ 墙柱部位进行振捣时必须严格保证振捣密实，防止烂根。

④ 楼板面卫生间部位必须执行二次振捣，防止漏水。

3）空腔内混凝土浇筑坍落度应控制在 160～180mm，粗骨料的最大粒径不宜大于 20mm。

4）每层墙体混凝土应浇筑至该层顶板底面以下 300～450mm 并满足插筋的锚固长度要求。剩余部分应在插筋布置好之后与楼板混凝土浇筑成整体。

3.1.4 预应力张拉质量控制要点

预应力张拉的主要流程包括连接密封梁柱节点预应力孔道→穿设预应力钢绞线→梁柱端头模板封堵灌浆→浆体强度 75% 后张拉预应力筋→预应力孔道灌浆。

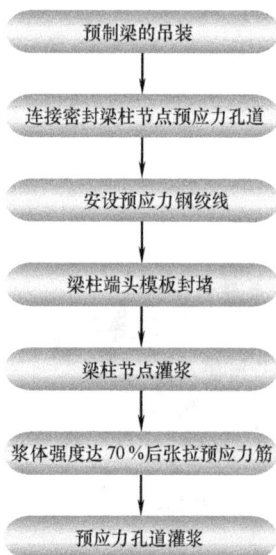

```
    预制梁的吊装
         ↓
连接密封梁柱节点预应力孔道
         ↓
    安设预应力钢绞线
         ↓
    梁柱端头模板封堵
         ↓
    梁柱节点灌浆
         ↓
浆体强度达 70% 后张拉预应力筋
         ↓
    预应力孔道灌浆
```

图 3-12 预应力张拉主要流程

预应力张拉主要流程如图 3-12 所示。

其质量控制要点为：

（1）所用预应力钢绞线、锚具等材料应满足相关规范和设计要求，张拉设备宜选用建设部新技术推广产品，并按要求检验标定。

（2）钢绞线穿束前应清理梁、柱中的波纹管以及塑料皮，保证预应力孔道畅通。同时检查两端锚垫板应垂直与预应力孔道中心后方可进行钢绞线穿束。

（3）预应力筋的张拉顺序应符合设计要求，当设计无具体要求时，可采取分批、分阶段对称张拉，采用分批张拉时，应计算分批张拉的预应力损失值，分别加到先张拉预应力筋的张拉控制应力值内，或采用同一张拉值逐根复位补足。

（4）保证千斤顶、工作锚、锚垫板三者必须保证同心，且与锚垫板垂直。

（5）严格控制钢丝断丝和滑脱的数量。严禁超过构件同一截面钢丝总数的3%，且一束钢丝只允许一根。如超过上述规定，必须重新张拉。

（6）张拉采用应力控制为主，同时校核预应力筋的伸长值为辅的双控方法进行。各束预应力筋实际伸长值与理论值的相对允许偏差为 $\pm 6\%$。

（7）张拉过程中，该预应力筋两端及千斤顶后部不得站人，听从管理人员安排，并做好张拉记录及影像资料。

（8）灌浆料中不能含有氯离子或其他对预应力筋有腐蚀作用的外加剂。

（9）浆料要充分搅拌均匀，由近至远逐个检查出气口，待排气孔冒出浓浆后逐一封闭。

（10）灌浆料每个检验批不少于3组标准养护试件，用以检测浆体强度。

3.1.5 高强度螺栓连接质量控制要点

高强度螺栓在抗剪设计上分为摩擦型高强度螺栓和承压型高强度螺栓，在施工中按照外形和施工工艺分为大六角型高强度螺栓和扭剪型高强度螺栓，其施工质量控制要点主要包括：

（1）施工准备阶段质量控制：

1）高强度螺栓长度

高强度螺栓长度应以螺栓连接副终拧后外露2~3扣丝为标准计算。

2）高强度螺栓的复验

①扭剪型高强度螺栓连接副预拉力复验：复验用的螺栓应在施工现场待安装的螺栓批中随机抽职，每批应抽职8套连接副进行复验。

②高强度大六角型螺栓连接副扭矩系数复验：复验用的螺栓应在施工现场待安装的螺栓批中随机抽取，每批应抽取8套连接副进行复验。

3）高强度螺栓连接摩擦面的抗滑移系数检验

①制造厂和安装单位应分别以钢结构制造批为单位进行抗滑移系数试验。

②取样数量：每2000t为一批，不足2000t可视为一批。每种规格、摩擦面处理方法及批次取3组（共6个芯板+6个侧板+12套高强度螺栓）。

③试件要求：试件的要求是与构件同一材质、同一摩擦面处理工艺、同批制作、使用同一性能等级、同一直径的高强度螺栓连接副装配的组合件。

（2）施工阶段质量控制：

1）高强度螺栓摩擦面

摩擦面应平直，翘曲、变形必须进行校正，确保摩擦面的紧贴，紧贴面积要在70%以上，用0.3m塞尺检查，插入深度面积之和不得大于总面积的30%，边缘最大间隙不得大于 0.8mm，摩擦面板边、螺栓孔边应无毛刺，摩擦面严禁有氧化铁皮、毛刺、焊疤、油漆和油污等，表面应呈铁色，并且无明显的不平，处理好的摩擦面必须进行防护。

2）高强度螺栓安装

① 对每一个连接接头，应先用安装螺栓或冲钉定位，严禁把高强度螺栓作为安装螺栓使用。

② 高强度螺栓的穿入应在结构中心位置调整后进行，其穿入方向应一致。安装时要注意垫圈的正反面，即：螺母带圆台的一侧应朝向垫圈有倒角的一侧；对于大六角型高强度螺栓连接副靠近螺头一侧的垫圈，其有倒角的一侧朝向螺栓头。

③ 高强度螺栓的安装应能自由穿入孔，严禁强行穿入，如不能自由穿入时，该孔应用铰刀进行修整，修整后孔的最大直径应小于 1.2 倍螺栓直径。严禁气割扩孔。

3）连接副施拧

① 紧固顺序一般从接头刚度大的地方向不受拘束的自由端顺序进行，或从栓群中心向四周扩散方向进行。

② 大六角型高强度螺栓应采用定扭矩电动扳手施拧并在施拧前校正、扭剪型高强度螺栓应采用专用电动扳手施拧。

③ 大六角型高强度螺栓初拧、终拧的扭矩应经计算确定，其中扭矩系数应经试验确定。

④ 扭剪型高强度螺栓初拧：初拧紧固到螺栓标准轴力（即设计预拉力）的 60%（80%），终拧时扭剪型高强度螺栓应将梅花卡头拧掉。

⑤ 施工时宜分两组进行螺栓的初拧和终拧，并用不同颜色的油漆作标记，防止错拧和漏拧；高强度螺栓宜在 24h 内完成初拧和终拧。

（3）检查与验收

1）外观质量检查：检查螺栓紧固有无初拧、终拧标记，穿装方向是否一致。高强度螺栓连接副终拧后，螺栓丝扣外露应为 2～3 扣。

检查数量：按节点抽查 5%，且不应少于 10 个。

2）大六角型高强度螺栓连接副终拧完成 1h 后，48h 内应采用转角法检测螺栓紧固扭矩。

检测数量：按节点数抽查 10%，且不应少于 10 个；每个被抽查节点按螺栓数抽查 10%，且不应少于 2 个。如有不合规定的则扩大 10%，加倍复测。如仍有不合格的，则对整个节点的螺栓全部进行检查。检查中发现的漏拧或欠拧螺栓应逐个补拧，超拧螺栓则应更换。

3）扭剪型高强度螺栓应将梅花卡头拧掉。除因构造原因无法使用专用扳手终拧掉梅花头者外，未在终拧中拧掉梅花头的螺栓数不应大于该节点螺栓数的 5%。对所有梅花头未拧掉的扭剪型高强度螺栓连接副应采用扭矩法或转角法进行终拧并作标记。

检测数量：按节点数抽查 10%，但不应少于 10 个节点，被抽查节点中梅花头未拧掉的扭剪型高强度螺栓连接副全数进行终拧扭矩检查。

3.1.6 钢结构焊接质量控制要点

（1）施工准备阶段质量控制：

1）所用钢材及焊材的品种、规格、性能应符合国家标准和设计要求，并按要求复试合格后方可使用。焊接材料应与母材相匹配，并按产品说明书及焊接工艺文件的规定进行烘焙及存放。

2）焊接技术人员（焊接工程师）应具有相应的资格证书，大型重要的钢结构工程，焊接技术负责人应取得中级及以上技术职称并有五年以上焊接生产或施工实践经验。

3）焊接质量检验人员应接受过焊接专业的技术培训，并应经岗位培训取得相应的质量检验资格证书。

4）焊工必须经考试合格并取得合格证书后，在其考试合格项目及其认可范围内施焊。

5）施工单位对其首次采用的钢材、焊接材料、焊接方法、焊后热处理等，应进行焊接工艺评定，并应根据评定报告确定焊接工艺，编制焊接工艺文件。

6）焊接前，应确保作业环境条件满足相关规范要求。

（2）施工阶段质量控制：

1）焊接作业应按工艺评定的焊接工艺参数进行。

2）焊接作业完成后，应经自检、互检，对检查中出现的缺陷进行处理。

3）焊缝施焊后应在工艺规定的焊缝及部位打上焊工钢印。

（3）焊接质量检验

1）焊缝的尺寸偏差、外观质量和内部质量，应按现行国家标准《钢结构工程施工质量验收标准》GB 50205 和《钢结构焊接规范》GB 50661 的有关规定进行检验。

2）碳素结构钢应在焊缝冷却到环境温度、低合金结构钢应在完成焊接24h 以后，进行焊缝探伤检验。

3）设计要求全焊透的一、二级焊缝应采用超声波探伤进行内部缺陷的检验，超声波探伤不能对缺陷作出判断时，应采用射线探伤，其内部缺陷分级及探伤方法应符合现行国家标准的规定。

一、二级焊缝质量等级及缺陷分级见表3-4。

一、二级焊缝质量等级及缺陷分级 表 3-4

焊缝质量等级		一级	二级
内部缺陷 超声波探伤	评定等级	Ⅱ	Ⅲ
	检验等级	B 级	B 级
	探伤比例	100%	20%
内部缺陷 射线探伤	评定等级	Ⅱ	Ⅲ
	检验等级	AB 级	AB 级
	探伤比例	100%	20%

注：探伤比例的计数方法应按以下原则确定：（1）对工厂制作焊缝，应按每条焊缝计算百分比，且探伤长度应不小于 200mm，当焊缝长度不足 200mm 时，应对整条焊缝进行擦伤；（2）对现场安装焊缝，应按同一类型、同一施焊条件的焊缝条数计算百分比，探伤长度应不小于 200mm，并应不少于 1 条焊缝。

（4）焊接缺陷返修

1）焊缝金属或母材的缺欠超过相应的质量验收标准时，可采用砂轮打磨、碳弧气刨、铲凿或机械等方法彻底清除。采用焊接修复前，应清洁修复区域的表面。

2）焊缝缺陷返修应符合下列规定：

① 焊缝焊瘤、凸起或余高过大，应采用砂轮或碳弧气刨清除过量的焊缝金属。

② 焊缝凹陷、弧坑、咬边或焊缝尺寸不足等缺陷应进行补焊。

③ 焊缝未熔合、焊缝气孔或夹渣等，在完全清除缺陷后应进行补焊。

④ 焊缝或母材上裂纹应采用磁粉、渗透或其他无损检测方法确定裂纹的范围及深度，应用砂轮打磨或碳弧气刨清除裂纹及其两端各 50mm 长的完好焊缝或母材，并应用渗透或磁粉探伤方法确定裂纹完全清除后，再重新进行补焊。对于拘束度较大的焊接接头上裂纹的返修，碳弧气刨清除裂纹前，宜在裂纹两端钻止裂孔后再清除裂纹缺陷。焊接裂纹的返修，应通知焊接工程师对裂纹产生的原因进行调查和分析，应制定专门的返修工艺方案后按工艺要求进行。

⑤ 焊缝缺陷返修的预热温度应高于相同条件下正常焊接的预热温度 30～50℃，并应采用低氢焊接方法和焊接材料进行焊接。

⑥ 焊缝返修部位应连续焊成，中断焊接时应采取后热、保温措施。

⑦ 焊缝同一部位的缺陷返修次数不宜超过两次。当超过两次时，返修前应先对焊接工艺进行工艺评定，并应评定合格后再进行后续的返修焊接。返修后的焊接接头区域应增加磁粉或着色检查。

3.2 装配式建筑的施工平面布置及进度管控

3.2.1 施工平面布置

装配式混凝土建筑施工场地布置时，首先应进行起重机械选型，然后根据起重机械布局，规划场内道路，最后根据起重机械以及道路的相对关系确定堆场位置。装配式建筑与现浇工程相比，增加了构件吊装工序，使起重机械对工期、施工流水段、施工流向划分有更为关键的影响。

1. 各阶段施工场地分析

（1）在基础、地下结构施工阶段，现场需要较多的材料堆场和临设场地。此阶段平面布置的重点既要考虑满足现场施工需要的材料堆场，又要为预制构件吊装作业预留场地，因此不宜在规划的预制构件吊装作业场地设置临时水电管线、钢筋加工场等不宜迅速转移场地的临时设施。如图 3-13 所示。

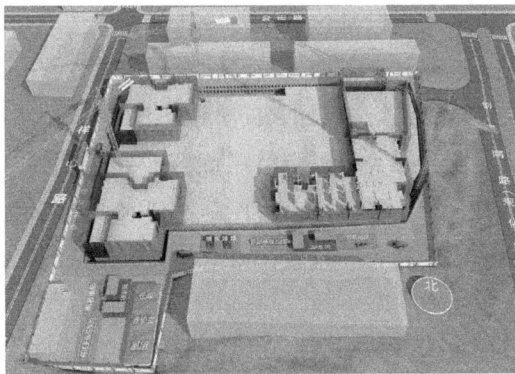

图 3-13　地下及地上现浇施工阶段示意图

（2）在预制装配施工阶段，吊装构件堆放场地要以满足 1～2d 施工需要为宜，同时为以后的装修作业和设备安装预留场地，因此需合理布置塔式起重机和施工电梯位置，满足预制构件吊装和其他材料运输。如图 3-14 所示。

（3）在装修施工和设备安装阶段，有大量的分包单位将进场施工，按照总平面图布置此阶段的设备和材料堆场，按照施工进度计划材料设备如期进场是关键。如图 3-15 所示。

图 3-14　预制装配式施工阶段示意图

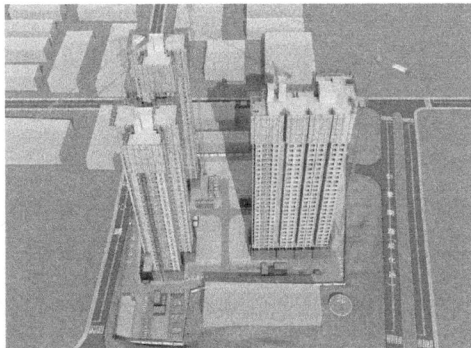

图 3-15　装修与设备安装阶段示意图

2. 预制构件吊装阶段平面布置要点

（1）在地下室外墙土方回填完后，需尽快完善临时道路和临水临电线路，硬化预制构件堆场。将来需要破碎拆除的临时道路和堆场，可采取能多次周转使用的装配式混凝土路面、场地技术，将会节约成本减少建筑垃圾外运。

（2）施工道路宽度需满足构件运输车辆的双向开行及卸货吊车的支设空间；道路平整度和路面强度需满足吊车吊运大型构件时的承载力要求。对于21m货车，路宽宜为6m，转弯半径宜为20m，可采用装配式预制混凝土铺装路面或者钢板铺装路面。

（3）根据场地情况及施工流水情况进行塔式起重机布置；考虑群塔作业，限制塔式起重机相互关系与臂长，并尽可能使塔式起重机所承担的吊运作业区域大致相当。

（4）根据最重预制构件重量及其位置进行塔式起重机选型，使得塔式起重机能够满足最重构件起吊要求；根据其余各构件重量、模板重量、混凝土吊斗重量及其与塔式起重机相对关系对已经选定的塔式起重机进行校验；塔式起重机选型完成后，根据预制构件重量与其安装部位相对关系进行道路布置与堆场布置。由于预制构件运输的特殊性，需对运输道路坡度及转弯半径进行控制，并依照塔式起重机覆盖情况，综合考虑构件堆场布置；预制构件堆场的布置，需对构件排列进行考虑，其原则是：预制构件存放受力状态与安装受力状态一致。

（5）构件存放场地的布置宜避开地下车库区域，以免对车库顶板施加过大临时荷载，当采用地下室顶板作为堆放场地时，应对承载力进行计算，必要时应进行加固处理（需征得设计同意）。墙板、楼面板等重型构件宜靠近塔式起重机中心存放，阳台板、飘窗板等较轻构件可存放在起吊范围内的较远处。

（6）各类构件宜靠近且平行于临时道路排列，便于构件运输车辆卸货到位和施工中按顺序补货，避免二次倒运。

（7）不同构件堆放区域之间宜设宽度为0.8～1.2m的通道。将预制构件存放位置按构件吊装位置进行划分，并用黄色油漆涂刷分隔线，并在各区域标注构件类型，存放构件时一一对应，提高吊装的准确性，便于堆放和吊装。

（8）构件存放宜按照吊装顺序及流水段配套堆放。

3.2.2 进度管控

装配式工程，应选择EPC总承包管理模式，最大程度上协调设计、生产、施工；坚持建筑、结构、机电、装修一体化的技术体系，从而从根本上提高设计、生产、建造效率。装配式建筑的施工工期优势还体现在工序的穿插方面，施工中应与当地政府主管部门进行沟通，采取主体结构分段验收的形式，提前进行装饰装修施工的穿插，实现多作业面同时有序施工，提高整体效率。

在施工各类资源能够保障的情况下，各体系的结构施工进度可按以下示例表考虑。单层工程量较大时，结构标准层施工将增加1～2d。如果关键工作出现延误，应采取必要的措施赶工。赶工时必须保证质量安全，保证资源供应，协调好场内外的关系，做好相应的技术措施。对于装配式混凝土工程，应尽量避免夜间吊安，如必须夜间吊安的，必须保证现场照度。

表3-5为某工程进行的层间施工作业穿插作业安排，供参考。

层间施工作业穿插安排示意　　　　　　　　　　　　表3-5

楼层	工作内容					
	结构	土建装修	机电安装	木工作业	腻子、油漆	专业分包
N	结构施工		一次预留预埋			
N-1	拆模、梁板顶支撑保留、瑕疵处理、外墙修补打磨	外窗框塞缝				外窗玻璃安装、外墙腻子、PC打胶
N-2	叠合梁板顶支撑拆除周转、PC斜支撑拆除周转、室内打磨、清洁	螺杆眼封堵	室外排水立管、雨水管安装（一次装三层）			外墙底漆、PC打胶、阳台栏杆、外围护栏杆、楼梯栏杆安装
N-3	现浇梁板顶支撑拆除周转（铝模竖向支撑体系）	反坎施工、保温砂浆施工、层间止水	线管排堵			轻质隔墙安装
N-4		井道内清理	二次预留预埋（开槽、配管、配线盒等）			轻质隔墙安装
N-5			室内排水立管安装（消防及生活，一次装四层）电管穿线			烟道安装
N-6		厨卫间吊洞	室内水平水管安装及打压试验			
N-7		厨卫间结构蓄水试验	公共区域桥架安装			轻质隔墙板缝处理、厨卫防水、厨卫间二次蓄水试验
N-8		土建整改、精装修放线				入户门框、防火门安装、玻璃及窗扇安装

楼层	工作内容					
	结构	土建装修	机电安装	木工作业	腻子、油漆	专业分包
N-9				天棚吊顶、户内门基层、厨卫间地砖安装	腻子、打磨（含公共区域）	
N-10		墙地砖、窗台石、门槛石、阴阳角修复（含公共区域）			底漆、第一遍面漆（含公共区域）	铝扣板/橱柜柜体、橱柜台面/淋浴屏
N-11		灯具、洁具、排气扇			第二遍面漆（含公共区域）	
N-12		插座、面板、打胶				厨具、户内门、木地板、柜体安装、入户门扇安装
N-13	保洁照明					

3.3 装配式建筑的安全管控

由于装配式建筑是将各构件在加工厂做成成品构件，再运输至施工现场，经大型机械设备吊装、拼接、固定、校正和局部现浇混凝土等工艺所建成的建筑物，所以相对于传统建筑方式中的施工安全风险，预制装配式住宅楼的施工安全风险主要发生在构件的生产、运输、存放和吊装过程。

施工中主要的风险有五大类：预制构件装运卸载中的风险、预制构件起重吊装中的风险、高处临边坠落风险、高空坠物风险、触电风险。经统计，所占比例分布如图 3-16 所示。

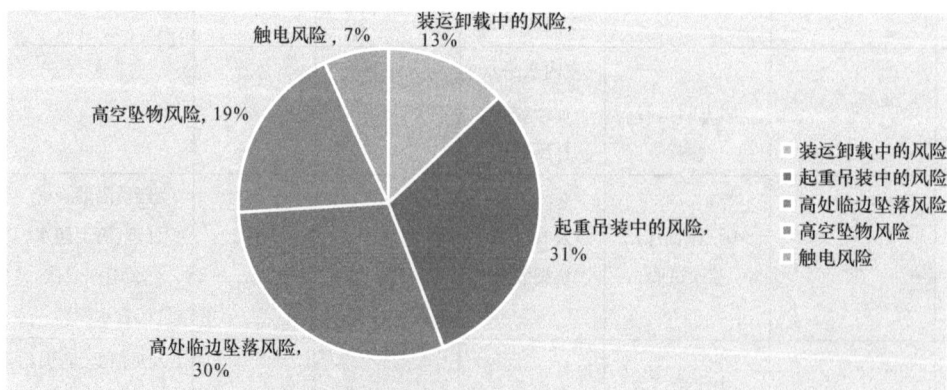

图 3-16 施工安全风险所占比例示意图

1. 运输装载作业安全管控要点

预制构件多为异型，超长、宽、高、重等，运输过程中，运输车根据构件类型设专用运输架，且需有可靠的稳定构件措施，用软带（钢丝带）加紧固器绑牢，以防构件在运输时受损，容易发生翻车、滑移、刮线等事故。

安全管控要点：对运输环境进行考察，构件进行固定，重点为运输的空间、道路、车辆和构件的固定。如图 3-17 所示。

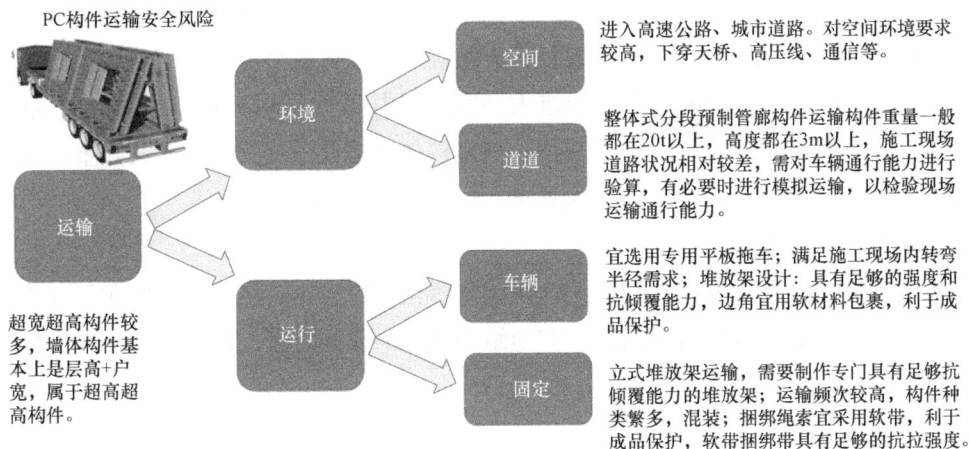

图 3-17　运输装载作业安全管控要点

2. 堆放过程安全控制

构件堆放对场地要求较高，地基承载力必须满足最大构件集中堆载要求，必须有防止倾覆的技术措施。墙板等构件应插放于专用堆放架上，堆放架设计为两侧插放，堆放架应满足强度、刚度和稳定性要求，堆放架设置防磕碰、防下沉的保护措施；保证构件堆放有序，存放合理，确保构件起吊方便、占地面积最小。墙板堆放时根据墙板的吊装编号顺序进行堆放，堆放时要求两侧交错堆放，保证堆放架的整体稳定性，如图 3-18 所示。

安全管控要点：场地选址、地基承载力、构件堆放固定等。

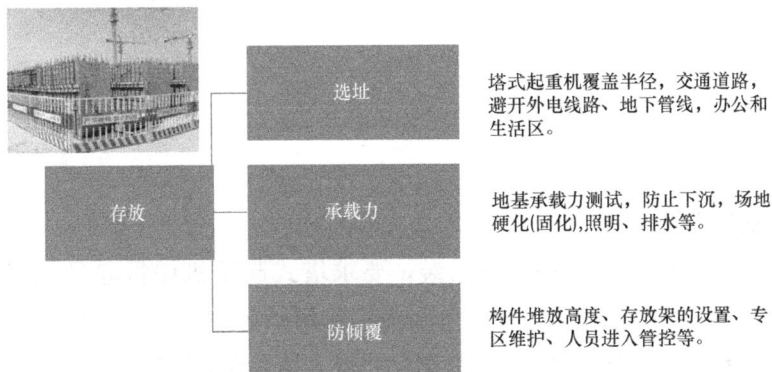

图 3-18　构件存放安全管控要点

3. 起重吊装安全管控要点

装配式建筑施工过程中存在大量的起重吊装作业，且吊装的预制构件，具有体积大、重量大、各部位构件形体不一，起吊点特殊等特点，是装配式建筑施工现场安全管控的重中之重。

安全管控要点：塔式起重机选型、吊索吊具、吊安过程管理等。

（1）起重机械选型

选型应充分考虑预制构件的重量、预制构件的吊装位置、施工过程中的吊次以及周围环境等，并经过计算、编写吊装计算方案确定起重机械型号；装配式建筑使用塔式起重机的吨位比传统建筑的吨位要求大，宜选用中型平头式塔式起重机。每个塔式起重机覆盖范围内设置机车临时停车位，满足构件运输及吊装要求，塔式起重机性能满足预制构件吊装施工的吊重及吊次需求。

（2）塔式起重机附着

装配式混凝土剪力墙结构体系中，附墙预留预埋位置应现浇，宜选择在阳台的剪力墙位置，优先选用穿墙螺杆附着。其他结构体系中如需附着，应经计算并提前与生产工厂沟通预留埋件。

（3）吊索吊具

应根据吊装对象选用专用吊具，吊梁、吊架应经计算确定，并保证各吊点均衡受力；起吊前应对吊索、吊具进行检查，确保吊点无破损，槽内无杂物，吊点位置无偏移。如图 3-19，图 3-20 所示。

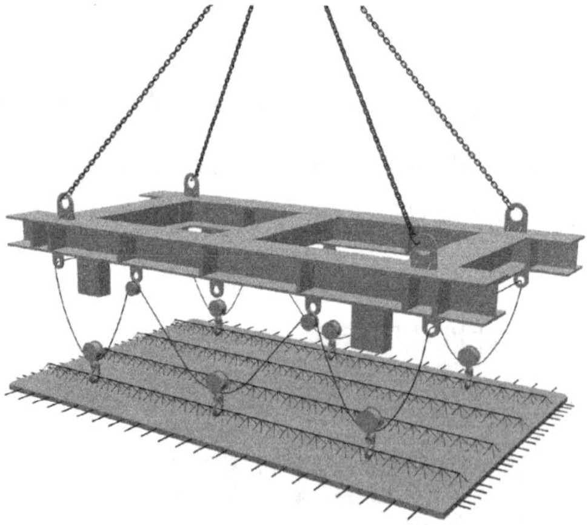

图 3-19 叠合板用吊具

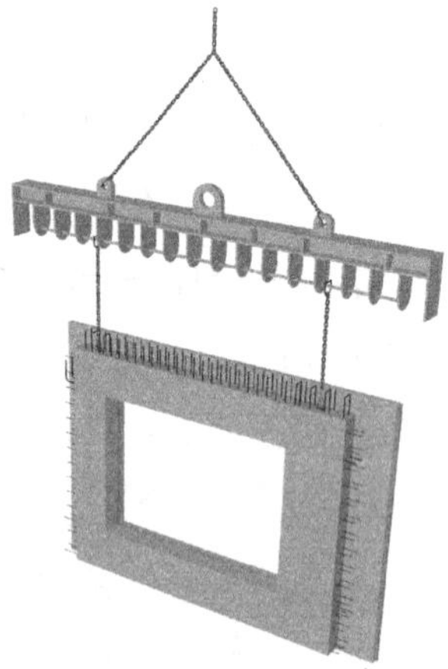

图 3-20 墙体用吊具

（4）吊安过程管理

正式起吊前，应进行试吊。试吊装，要求塔式起重机缓慢起吊，距地 200～300mm 悬停 15s。吊装过程中，使用牵引绳，确保吊运的安全，同时能有效地提高构件的安装效率；对于个别构件窗口开洞尺寸较大易导致构件变形损坏，须采取构件加固措施。

4. 防护架安全管控要点

（1）装配式建筑施工采用外挂架时，应编制专项方案，经专家论证后由具备相应资质和能力的单位加工安装。构件进场后，将已经拼装完成的防护架安装在预制外墙板上。吊安示意如图 3-21 所示。

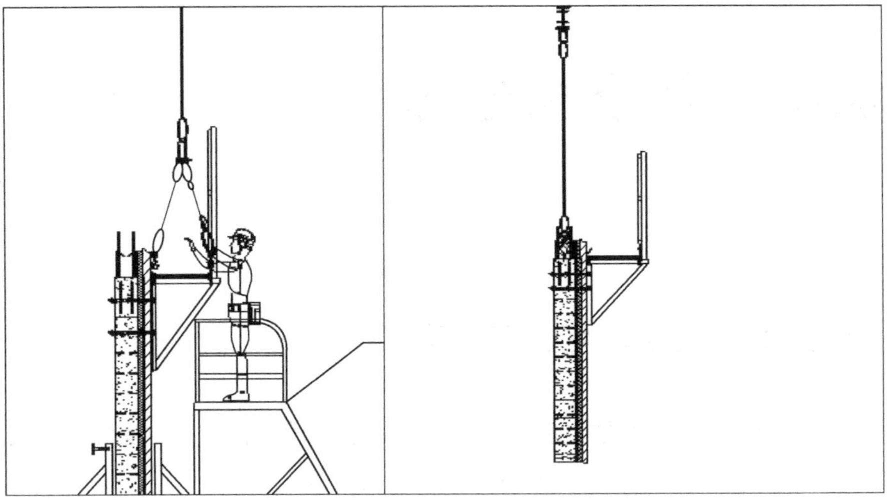

(a) 外防护安装　　　　　　　　　　(b) 外防护起吊

图 3-21　外挂架安装及起吊示意图

（2）工具式外防护栏架安装打孔需经设计同意，部分预制外墙板设计有保温层，抗拉强度不足，如需安装防护设施必须经设计重新计算。

（3）附着式提升脚手架应编制专项施工方案，经专家论证后选择具有相应资质和能力的专业厂家安装。爬架与预制构件的受力应单独设计，其附着支撑结构、提升装置、防倾装置、架体构造、加强构造措施等应符合相关要求。

第 4 章

装配施工信息化管理

4.1 基于 BIM 的信息化施工管理

基于 BIM 的信息化技术是实现装配式建筑数字化设计、制造、运维的重要手段和途径。可实现三个一体化的协同管理，从而切实提升。

装配式建筑施工阶段是装配式建筑全生命周期中建筑物实体从无到有的过程，是与设计及生产阶段同时发生信息交互的环节，也是建筑全生命周期中最为关键和复杂的阶段。装配式建筑施工管理的核心是保障项目在既定的进度工期内，高质量、保安全地完成合同内所签订的内容，并且把控项目成本，最终实现利润最大化。项目管理的内容则包含了对进度、成本、合约、技术、现场质量、安全、劳务等多方面的把控。

BIM 是工程项目的数字化信息的集成，通过在 3D 建筑空间模型的基础上叠加时间、成本信息，实现从 3D 到 4D、5D 的多维度表达，最终形成集成建筑实体、时间和成本多维度的 5D-BIM 应用。毫无疑问，BIM 技术的应用理念和装配式建筑施工管理的思路不谋而合。因此需要在总承包的发展模式下，建立以 BIM 模型为基础的建筑信息云平台，集成 RFID/二维码的物联网、移动终端等信息化创新技术，实现装配式建筑在施工阶段信息交互和共享，形成全过程信息化管理，提高管理效率和水平，确立智慧建筑的信息数据基础。如图 4-1 所示。

基于 BIM 的信息共享、协同工作的核心价值，以进度计划为主线，以 BIM 模型为载体，以成本为核心，将各专业设计模型在同一平台上进行拼装整合，实现施工管理中全过程全专业信息数据在建筑信息模型中不同深度的集成，以及快速灵活的提取应用；通过多维度和多专业的信息交互、现场装配信息同设计信息和工厂生产信息的协同与共享、信息数据的积累等功能，实现基于 5D-BIM 的装配式建筑项目进度、成本、施工方案、工作面、质量、安全、工程量、碰撞检查等数字化、精细化和可视化管理，将装配式建筑的现场装配真实地还原为虚拟装配，从而提高项目设计及施工的

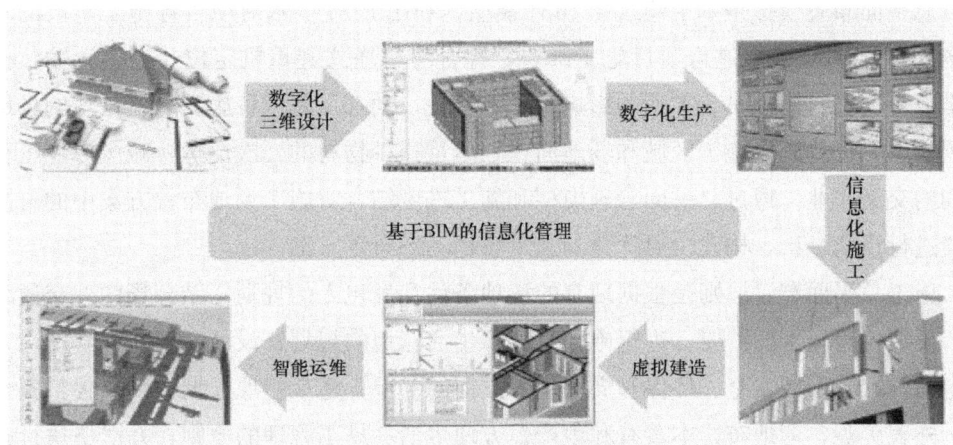

图 4-1　信息化管理示意图

质量和效率，减少后续实施阶段的洽商和返工，保障项目建设周期，节约项目投资。

　　建立一体化平台实现设计、加工、装配、运维的信息交互和共享，促进设计信息、生产信息与项目装配信息化管理系统融合，实现工期、商务成本、质量、安全的全过程信息化管理。

4.2　基于 BIM 的装配施工模拟

　　装配式建筑装配施工过程中，装配阶段、现浇阶段以及装饰装修阶段交叉进行，对项目的组织协调要求越来越高，项目周边环境的复杂往往会带来场地狭小、基坑深度大、周边建筑物距离近、绿色施工和安全文明施工要求高等问题，并且加上有时施工现场作业面大，各个分区施工存在高低差，现场复杂多变，容易造成现场平面布置不断变化，且变化的频率越来越高，给项目现场合理布置带来困难。BIM 技术的出现给平面布置工作提供了一个很好的方式，通过应用工程现场设备设施族资源，在创建好工程场地模型与建筑模型后，将工程周边及现场的实际环境以数据信息的方式关联到模型中，建立三维的现场场地平面布置，并通过参照工程进度计划，可以形象直观地模拟各个阶段的现场情况，灵活地进行现场平面布置，实现现场平面布置合理、高效。

4.2.1　总平面布置模拟

　　总平面布置模拟是基于建筑物 BIM 模型，利用 BIM 技术对现场平面的道路、塔式起重机、堆场、临设建筑、临水临电等进行建模，形成总平面管理模型。通过总平面管理模型和施工进度结合对施工场地布置方案中的碰撞冲突进行量化分析，构建出更优化的施工场地动态布置方案。

总平面布置模拟是基于建筑物 BIM 模型，利用 BIM 技术对项目各施工阶段的三维场地布置 BIM 模型进行项目施工部署，综合考虑塔式起重机定位、道路运输、构件堆放等因素对构件吊装工期的影响，形象直观，动态反映了各施工阶段最佳的场地布置状态。统筹确定施工区域和场地面积，尽量减少物料的二次倒运，减少专业工种之间的交叉作业。通过总平面管理模型和施工进度结合对施工场地布置方案中的碰撞冲突进行量化分析，构建出更优化的施工场地动态布置方案。

施工总平面布置原则是根据现有的场地条件和发包人的规划，结合场内外交通线路，按照工程施工的需要，进行施工生产、生活营地的规划、设计、修建与管理；充分考虑工程施工期安全、环保和文明施工方面的要求；施工营地规划做到布置整齐合理、外表美观，营地布置本着有利生产、方便生活、易于管理的原则，并严格执行有关消防、卫生和环境保护等专门规定；施工机械布置做到能充分发挥施工设施的生产能力，满足施工总进度和施工强度的要求；施工程序安排，尽可能减少彼此作业时的相互干扰；施工营地设置有效的防护和排水系统，满足场地的防护和排水要求；场内施工道路布置保证平整畅通；减少噪声、粉尘对周围宿舍办公室的影响；周边环境及场内有限空间的美化、绿化。

1. 临时建筑布置

项目办公生活区临时建筑包括门卫室、办公楼、宿舍楼、食堂、卫生间、浴室、会议室、活动室、晾晒棚等，根据项目规模、管理和施工人员数量、场地特点以及公司 CI 标准要求进行布置。在具体布置中，利用现有的施工场地条件，合理布局，统筹安排，确保各施工时段内的施工均能正常有序进行。同时尽量少占耕地，对施工区及周围环境进行有效的保护。临建设施布置原则上力求合理、紧凑、厉行节约、经济实用，方便管理，确保施工期间各项工程能合理有序，安全高效地施工。运用 BIM 软件中日照分析功能，对临建在不同时刻、不同季节的日照情况进行分析。根据分析结果调整办公生活区的朝向与楼栋间距，对比布置出较合理的方案，保证日照时间充足，减少灯具和空调使用时间，达到绿色节能的目的。

2. 临时道路布置

道路规划宜从确定大宗材料、预制构件和生产工艺设备运入施工现场的运输方式开始考虑，将场外交通引入现场。并在尽可能利用原有或拟建永久道路的情况下，通过 BIM 分析模型，优化确定场内运输道路的主次关系和相互位置，合理安排施工道路与场内地下管网间的施工顺序，分析确定场内运输道路宽度以及合理选择运输道路的路面结构。

3. 机械设备布置

基于 BIM 分析模型，塔式起重机的工作范围宜覆盖主体建筑及构件堆场位置，并且塔式起重机位置的选择应满足运输、装卸、吊装方便的要求。先建立主体结构模型，根据主体结构外部轮廓，并综合考虑材料运输、施工作业区段划分来进行塔式起重机与施工电梯的选型及定位。BIM 技术的运用，相比传统的在多张二维平面图上进行塔式起重机和施工电梯的布置，在三维视角中进行布置更加直观、便捷、合理。

在塔式起重机布置过程中，根据不同施工阶段模型展现的工况以及各楼栋开工竣工时间的不同，优化塔式起重机使用，使塔式起重机在施工现场内实现周转，对塔式起重机总投入进行优化。同样在施工电梯布置过程中，运用 BIM 技术形象直观的优化施工顺序，可减少塔式起重机、施工电梯的投入数量从而节省成本及资源。

4. 加工棚与材料堆场布置

堆场的位置应满足场外交通运输方式的要求，并通过 BIM 分析模型，优化堆场与道路、工厂之间构件的转运路径和转运量，科学合理地选择堆场位置。构件堆场的面积应至少满足一个标准层的构件数量的存放。如图 4-2 所示。

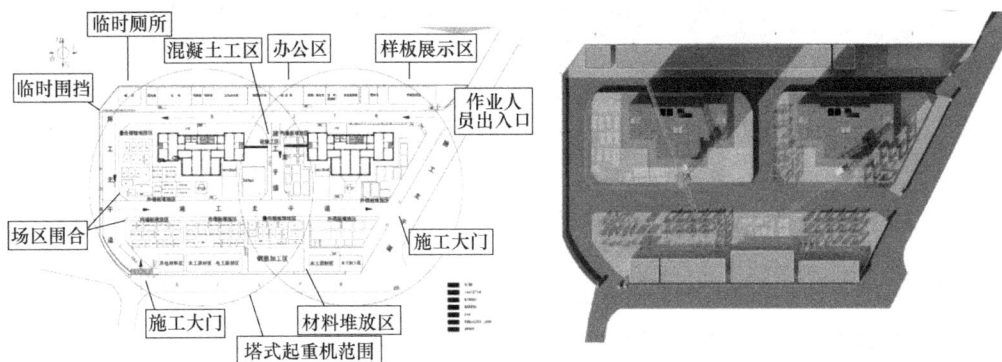

图 4-2　预制构件场地堆放规划

基于 BIM 的装配总平面布置模拟按照界面可以划分为 3 个阶段，分别为：现浇与装配式界面、装配式施工界面、装饰装修界面。根据项目实际情况利用 BIM 系统对现场平面、临设建筑、施工机具等进行建模，并模拟主体结构在建设过程各阶段、不同工况下现场平面的变化情况，通过 BIM 系统对各阶段、不同工况下平面布置的三维模拟，可最大程度的优化平面道路、原材料及构件堆场。在施工现场，不同专业在同一区域、同一楼层交叉施工的情况难以避免，对于一些超高层建筑项目，分包单位众多、专业间频繁交叉工作多，不同专业、资源、分包之间的协同和合理工作搭接显得尤为重要。同时需要把大的工作面划分为多个子工作面。工作面的大小的确定要掌握一个适度的原则，以最大限度地提高工人工作效率为前提来确定工作面的大小。

在工作面管理中，可通过 BIM 技术直观展示现场各个工作面施工进度开展状况，掌握现场实际施工情况，并跟踪具体的工序及施工任务完成情况、配套工作（技术、商务、物资、设备、质量、安全等）完成情况等。

可视化 BIM 模型可以直观展现各工作面实际工作情况与计划的对比。工作面管理的实现，为项目上协调各分包单位有效合理地开展施工工作提供了有力的数据支持，实现项目精细化管理。

通过可视化的平面管理，结合各专业 BIM 模型既可以进行专业内部的施工段划分，也可以进行专业间的施工段安排，有效地同施工参与各方交流施工排序和布置。借助划分好的工作面可以对不同分包施工作业面交界处等关键部位进行三维可视化技术交底，在施工前经过确认协调后，明确权责归属避免产生经济纠纷和施工扯皮的现象。在施工的所有阶段有效地生成临时设施、装配区域、材料配送的场地使用布置图。借助 BIM 模型可以对划分好的施工段进行材料堆场安排及运输路线规划，并可以通过 BIM 技术实时模拟分析，快速确认潜在的和关键的空间和时间冲突，及时优化方案。如图 4-3 所示。

图 4-3　主体结构各阶段施工平面布置三维模拟

4.2.2　基于 BIM 的专项施工方案模拟

施工方案可视化模拟 BIM 应用主要是通过运用 BIM 技术，以三维模型为基础关联施工方案和工艺的相关数据来确定最佳的施工方案和工艺。通过制定出详细的施工方案和工艺，借助可视化的 BIM 三维模型直观地展现施工过程，通过对施工全过程中的构件运输、堆放、吊装及预拼装等专项施工工序进行模拟，验证方案和工艺的可行性，以便指导施工，从而加强可控性管理，提高工程质量，保证施工安全。

专项施工方案模拟应结合施工模型、施工方案等创建施工方案模型，并将工序安排、资源组织和平面布置等信息与模型关联，输出优化后的施工方案，指导模型、视频、说明文档等成果的制作。

专项施工方案模拟前应制订方案初步实施计划，形成方案的施工顺序和时间安排。根据模拟需要将施工项目的工序安排、资源组织和平面布置等信息附加或关联到模型中，并按施工方案流程进行模拟。

专项施工方案模拟中的工序安排模拟通过结合项目施工工作内容、工艺选择及配套资源等，明确工序间的搭接、穿插等关系，优化项目工序组织安排。资源组织模拟通过结合施工进度计划、合同信息以及各施工工艺对资源的需求等，优化资源配置计划。平面组织模拟需结合施工进度安排，优化各施工阶段的塔式起重机布置、现场车间加工布置以及施工道路布置等，满足施工需求的同时，避免塔式起重机碰撞、减少二次搬运、保证施工道路畅通等问题。

装配式建筑专项施工方案模拟主要应包括对预制构件运输、堆放、吊装及预拼装等施工方案的模拟，土方工程施工方案模拟，模板工程施工方案模拟，临时支撑施工方案模拟、大型设备及构件安装方案模拟，复杂节点施工方案模拟，垂直运输施工方案模拟，脚手架施工方案模拟等。

预制构件运输、堆放、吊装及预拼装等施工方案的模拟对象为混凝土预制构件、钢结构预制构件、机电预制构件及幕墙等，可综合分析构件运输、堆放、吊装、连接件定位、拼装部件之间的搭接方式、拼装工作空间要求以及拼装顺序等因素，检验施工工艺的可行性及预制构件加工精度，并可进行可视化展示和施工交底。其中针对装配式混凝土建筑主要可包括：

（1）预制墙板运输模拟、预制墙板现场堆放模拟、预制墙板现场吊装模拟、预制墙板现场临时固定模拟、预制墙板现浇节点钢筋绑扎模拟、预制墙板现浇节点封模模拟、预制墙板现场安装模拟。

（2）预制柱运输模拟、预制柱现场堆放模拟、预制柱现场吊装模拟、预制柱现场临时固定模拟。

（3）预制梁运输模拟、预制梁现场堆放模拟、预制梁现场临时支撑模拟、预制梁现场吊装模拟、预制梁现浇节点钢筋绑扎模拟、预制梁现场安装模拟。

（4）预制叠合板运输模拟、预制叠合板现场堆放模拟、预制叠合板现场独立支撑模拟、预制叠合板现场吊装模拟、机电管线及预留预埋模拟、预制叠合板现浇节点钢筋绑扎模拟、预制叠合板现场安装模拟。

（5）预制楼梯运输模拟、预制楼梯现场堆放模拟、预制楼梯现场吊装模拟、预制楼梯现场安装模拟。

（6）预制阳台及空调板运输模拟、预制阳台及空调板现场堆放模拟、预制阳台及空调板现场支撑模拟、预制阳台及空调板现场吊装模拟、预制阳台及空调板现场安装模拟。

土方工程施工方案模拟可通过综合分析土方开挖量、土方开挖顺序、土方开挖机械数量安排、土方运输车辆运输能力、基坑支护类型及对土方开挖要求等因素，优化土方工程施工方案，并可进行可视化展示或施工交底。

模板工程施工方案模拟可优化确定模板数量、类型、支设流程和定位、结构预埋件定位等信息，并可进行可视化展示或施工交底。

临时支撑施工方案模拟可优化确定临时支撑位置、数量、类型、尺寸和受力信息，可结合支撑布置顺序、换撑顺序、拆撑顺序进行可视化展示或施工交底。

大型设备及构件安装方案模拟可综合分析墙体、障碍物等因素，优化确定对大型设备及构件到货需求的时间点和吊装运输路径等，并可进行可视化展示或施工交底。

复杂节点施工方案模拟可优化确定节点各构件尺寸，各构件之间的连接方式和空间要求，以及节点的施工顺序，并可进行可视化展示和施工交底。

垂直运输施工方案模拟可综合分析运输需求，垂直运输器械的运输能力等因素，结合施工进度优化确定垂直运输组织计划，并可进行可视化展示或施工交底。

脚手架施工方案模拟可综合分析脚手架组合形式、搭设顺序、安全网架设、连墙杆搭设、场地障碍物等因素，优化脚手架方案，并可进行可视化展示或施工交底。方案模拟及吊安流程如图 4-4～图 4-6 所示。

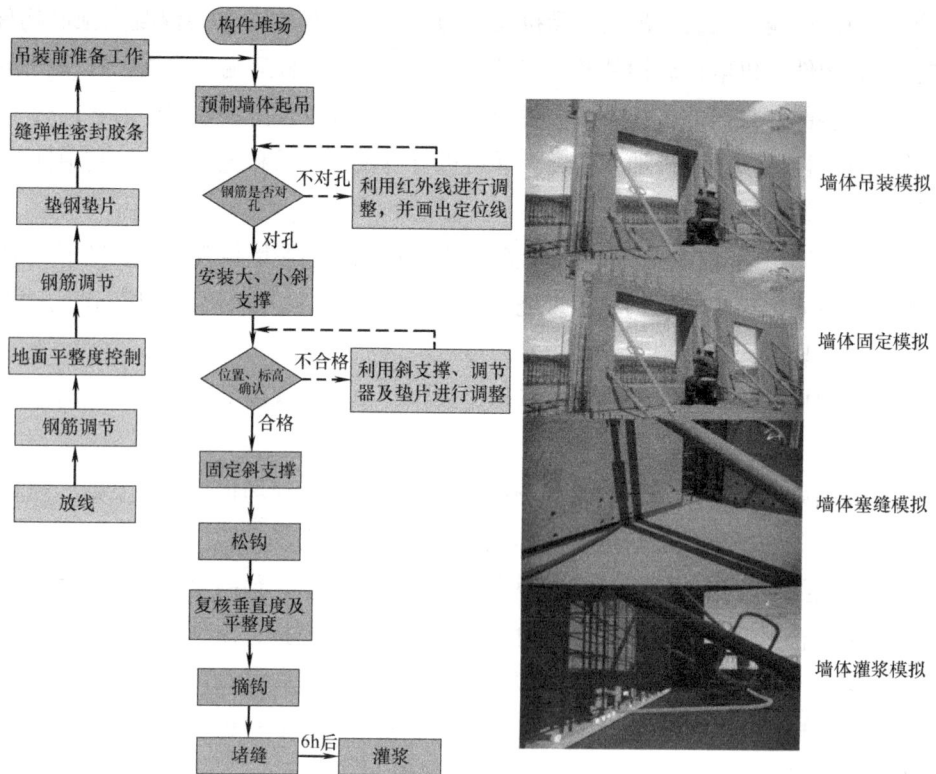

图 4-4 预制外墙专项施工方案模拟

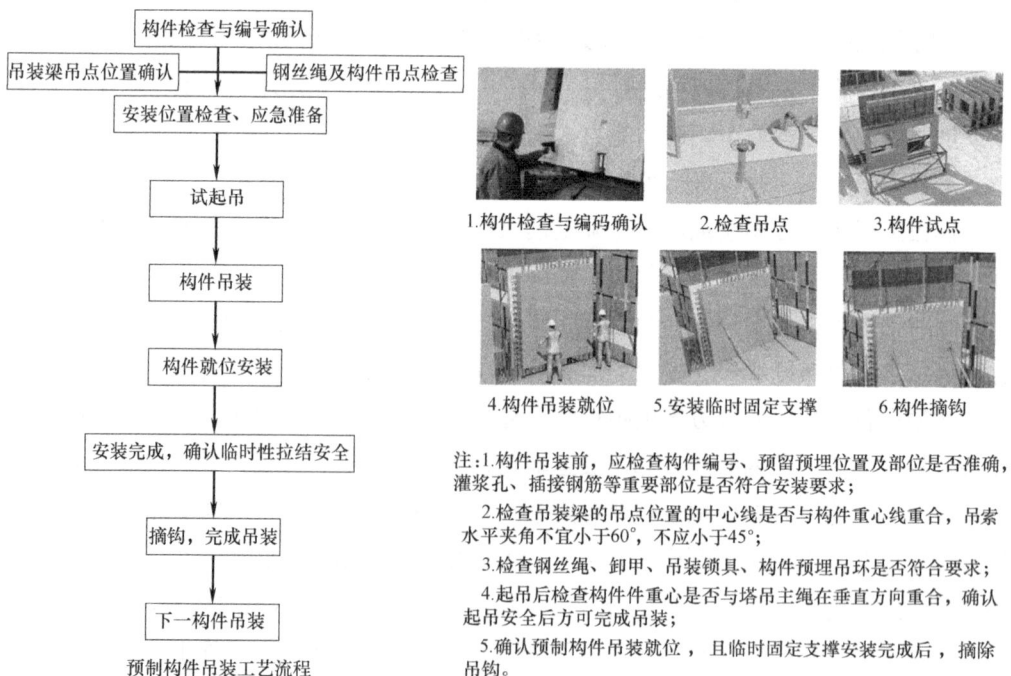

注：1.构件吊装前，应检查构件编号、预留预埋位置及部位是否准确，灌浆孔、插接钢筋等重要部位是否符合安装要求；

2.检查吊装梁的吊点位置的中心线是否与构件重心线重合，吊索水平夹角不宜小于60°，不应小于45°；

3.检查钢丝绳、卸甲、吊装锁具、构件预埋吊环是否符合要求；

4.起吊后检查构件重心是否与塔吊主绳在垂直方向重合，确认起吊安全后方可完成吊装；

5.确认预制构件吊装就位，且临时固定支撑安装完成后，摘除吊钩。

图 4-5 预制构件吊装工业流程

图 4-6 复杂构件及节点预吊装

在专项施工方案模拟过程中宜将涉及的时间、工作面、人力、施工机械及其工作面要求等组织信息与模型进行关联。在进行施工方案模拟过程中应及时记录出现的工序安排、资源配置、平面布置等方面不合理的问题，形成施工方案模拟问题分析报告等指导文件。施工方案模拟后宜根据模拟成果对工序安排资源配置、平面布置等进行协调、优化，并将相关信息更新到模型中。

4.2.3 基于 BIM 的技术交底和施工指导

1. 设计交底

由于装配式建筑构造和各专业设计相对复杂，项目实施过程中的新技术、新工艺和新材料较多，因此让一线施工操作人员正确而有效地理解设计意图十分必要。而传统的设计交底主要依靠的平台是 2D 设计图纸，信息传递的效率和准确性较低。为了提高设计交底的效率和准确性，项目管理人员可以通过集成了各专业信息的三维 BIM 模型，高效浏览建筑模型中各专业复杂节点和关键部位。管理人员还可以使用漫游、旋转、平移、放大、缩小等通用的浏览功能。同时还可对模型进行视点管理，即在自己设置的特定视角下观看模型，并在此视角下对模型进行关键点批注、文字批注等操作。保存视点后，可随时点击视点名称切到所保存的视角来观察模型及批注，方便设计人员对施工管理人员进行设计交底。另外，模型中还可以根据需要设置切面，对模型进行剖切，展示复杂节点中各专业施工的空间逻辑关系。通过基于三维模型的设计交底，可以让项目施工管理人员直观理解交底涉及的所有关键部位，极大地提高了设计交底的准确性和效率。对于广州东塔如此大体量且复杂的项目，利用BIM模型进行设计交底，更加凸显了三维模型设计交底的优势。

2. 施工组织交底

传统的施工组织交底是施工组织设计书，以文字和图片形式表达施工组织的意图。这种信息传递方式的效率较低。对于结构复杂、新技术难点较多的装配式建筑项目，传统的施工组织交底更是难以保证交底效果，同时耗时耗力。因此通过关联时间和成本信息的BIM模型，可以直观的对关键节点的工序排布、施工难点作以优化并进行三维技术交底，使施工人员了解施工步骤和各项施工要求，确保施工质量和效率。铝膜安装技术交底三维模型如图4-7所示。

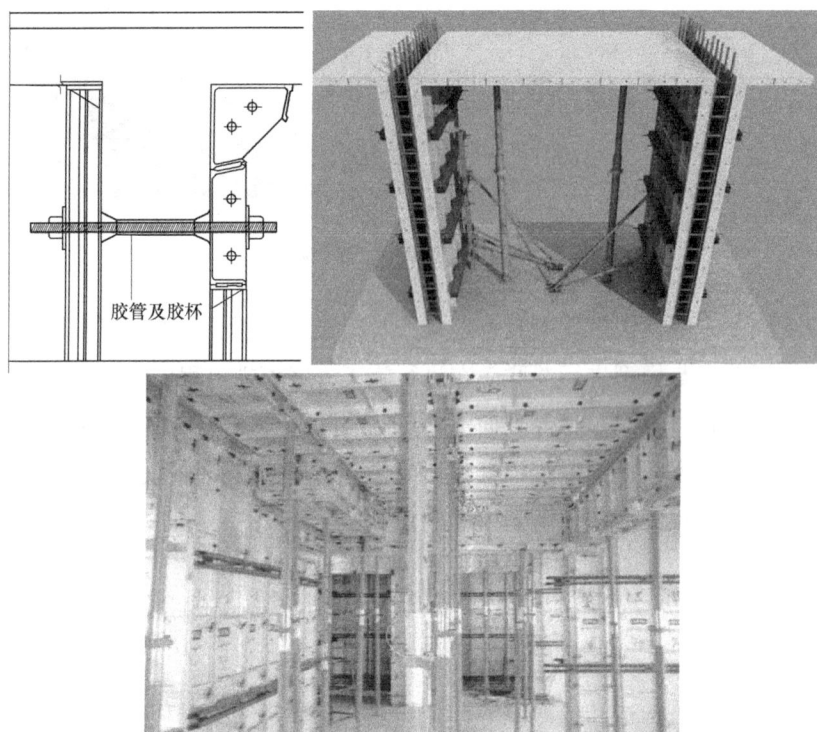

图 4-7　铝模安装技术交底三维模型

对装配式建筑而言，一般劳务队伍对装配式施工要求了解不够，技术水平不足，可通过借用BIM技术模拟施工做法，采用三维演示向劳务交底，并形成知识库。与传统纸质交底相比，三维可视化交底具有直观明了、易于理解等优点。使用三维可视化交底，可以让现场施工人员更加深入地理解交底内容，提升施工质量。如预制装配结构对节点连接要求较高，即使PC板连接发生细小的位移，也很有可能造成其他PC板无法定位施工。针对PC板之间的连接件和复杂节点，利用BIM技术的可视化优点，放大展示施工节点，用做施工前交底，以保证施工的准确性。虚拟施工使施工变得可视化，这极大地便利了项目参与者之间的交流，特别是不具备工程专业知识为主的人员，通过施工模拟，可以增加项目参与各方对工程内容及完成工程保证措施的了解。施工过程的可视化，使 BIM 成为一个便于施工参与各方交流的沟通平台。通过这种可视化的模拟缩短了现场工作人员熟悉项目施工内容、方法的时间，减少了现场人员在工程施工初期犯错误的时间和成本。还可加快、加深对工程参与人员培训的速度及深度，真正做到质量、安全、进度、成本管理和控制的人人参与。针对现场安全防护进行 BIM 三维交底、做到规范化、标准化、可视化施工，使得现场作业人员更加明确，管理人员交底变得更加简单。

BIM 的可视化是动态的，施工空间随着工程的进展会不断的变化，它将影响到工人的工作效率和施工安全。通过可视化模拟工作人员的施工状况，可以形象地看到施工工作面、施工机械位置的情形，并评估施工进展中这些工作空间的可用性、安全性。

4.3　基于 BIM 的进度控制

4.3.1　技术简介

项目进度计划管理是在项目实施过程中，对项目各阶段的进展程度和项目最终完成时间的期限所进行的管理。项目管理者围绕着项目目标工期的要求拟定出合理且经济的进度计划，并且在实施过程中不断检查实际进度与计划进度的偏差，在分析偏差的原因的基础上，不断地调整、修改计划直至工程竣工交付使用。通过 BIM 虚拟施工技术的应用，项目管理者可以通过可视化效果直观地了解项目计划进度的实施过程，从而能为编制及优化进度计划提供更有效的支撑。同时通过二维码/RFID 等物联网技术的应用对现场装配施工进度进行实时采集，并将实际进度信息关联到 BIM 进度模拟模型中，从而实现了现场可视化的进度实时管理。此外，可视化的施工进度与计划进度实时对比也为项目计划分析和调整提供了可靠的数据支持，供项目管理者进行决策。如图 4-8 所示。

与传统的进度管理方法相比，基于 BIM 的进度控制主要有以下优势：

（1）提前预警。基于 BIM 的进度控制，通过反复的施工过程模拟，可以使在施工阶段可能出现的问题提前暴露在模拟的环境中，暴露出来问题后，我们就可以逐一修改，并提前制定应对措施，使进度计划和施工方案最优，再用来指导实际的项目施工，从而保证项目施工的顺利完成，显著提高计划的可实施性。

（2）可视性强。BIM 的设计成果是高仿真的三维模型，设计师可以从自身或业主、承包商、顾客等不同角度进入建筑物内部，对建筑进行细部检查；可以细化到对某个建筑构件的空间位置、三维尺寸和材质颜色等特征进行精细化的修改，从而提高设计产品的质量，降低因为设计错误对施工进度造成的影响；还可以将三维模型放置

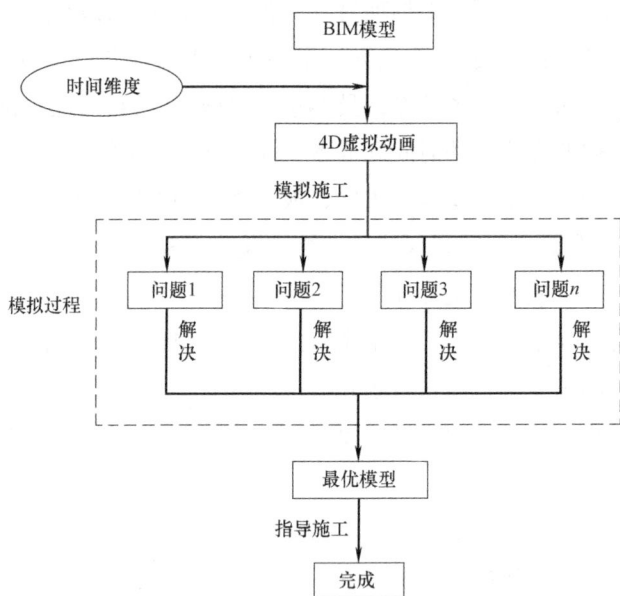

图 4-8　基于 BIM 的进度控制

在虚拟的周围环境之中，环视整个建筑所在区域，评估环境可能对项目施工进度产生的影响，从而制定应对措施，优化施工方案。

（3）信息完整。BIM 模型不是一个单一的图形化模型，它包含着从构件材质到尺寸数量，以及项目位置和周围环境等完整的建筑信息。通过将建筑模型附加进度计划的虚拟建造，可以间接地生成与施工进度计划相关联的材料和资金供应计划，并在施工阶段开始之前与业主和供货商进行沟通，从而保证施工过程中资金和材料的充分供应，避免因资金和材料的不到位对施工进度产生影响。另外，信息的完整性也有助于项目决策迅速执行。

（4）动态实时反馈。借由二维码/RFID 等物联网技术与 BIM 技术的集成，装配现场的实时进度可以通过操作人员的扫码行为实现即时录入而无需手工输入，从而实现了现场进度的动态实时管理。

4.3.2　基于 BIM 的施工进度计划的模拟、优化

可基于项目特点创建工作分解结构（WBS），通过将编制的进度计划与 BIM 模型相关联，形成进度模拟模型。在三维可视化的环境下检查进度计划的时间参数是否合理，即各工作的持续时间是否合理，工作之间的逻辑关系是否准确等，从而对项目的进度计划进行检查和优化，最终确定最优的施工进度计划方案。基于进度模拟模型关联实际进度信息，完成计划进度与实际进度的对比分析，并可基于偏差分析结果调整进度管理模型。

创建进度模拟模型时，应根据工作分解结构对导入的施工模型进行切分或合并处

理，并将进度计划与模型关联。同时基于进度模拟模型估算各任务节点的工程量，并在模型中附加或关联定额信息。

4.3.3 施工进度信息预警与控制

施工进度信息预警与控制是通过采用移动终端及物联网等技术对实际进度的原始数据进行收集、整理、统计和分析，并将实际进度信息关联到进度模拟模型中实现的。

预制构件装配施工时，为了使预制构件安装能够按计划有序进行，BIM 系统中的信息模型与构件运输、堆放及安装等计划进度相关联，并通过可以实时采集装配现场的信息的物联网技术（RFID/二维码）等来获得实际进度，通过在进度控制可视化模型中检查实际进度与计划进度的偏差，BIM 系统会预警提醒现场管理人员预制构件运输、堆放及安装是否滞后，同时，BIM 计划与现场施工日报相关联，通过日报信息可快速查询现场工期滞后原因，结合滞后原因进行偏差分析并修改相应的施工部署，并编制相应的赶工进度计划。

施工单位需要实时掌握订制构件的到场情况，在施工现场的入口处安装门式阅读器，以便在预制构件进场阶段，运输车辆进场后，第一时间读取构件进场信息。系统将根据进场构件的种类、数量以及时间制定或调整施工计划。

构件在进行装卸时，可在龙门式起重机、轮式起重机等装卸设备上安装 RFID 阅读器和 GPS 接收器，实时定位构件的装卸地点和移动位置。构件卸放至堆场后，堆场中需要设置 RFID 固定阅读器，读取每个构件信息，将构件与 GPS 坐标相对应，根据阅读器的读取半径，规划阅读器安装位置，以保证堆场内没有信号盲区。现场系统管理人员可通过系统，实时查询构件的定位信息，实现构件位置的可视化管理。

同时根据施工计划，需要提前在堆场中找到目标构件，堆场管理人员通过 WLAN 网络，利用装有 RFID/二维码阅读器和 WLAN 接收器的移动终端，快速、准确定位到需要吊装及安装的构件，并可读取 RFID/二维码标签中构件基本信息，核实构件。

当工人完成构件连接和安装时，使用安装有 RFID/二维码阅读器和 WLAN 天线的移动终端对构件的 RFID/二维码标签进行扫码，汇报构件的实时安装完成节点，上传至系统数据库。

质检工程师将构件的实际安装情况与技术图纸相对比，确认构件临时支撑支护情况、灌浆情况、浇筑情况、焊接连接点或螺栓连接点处连接情况等，检查安装质量是否符合施工规范和要求。同时，记录验收情况，并通过移动终端拍照，留下影像资料，可用移动终端连接 WLAN 网络实时反馈给系统，通过系统对质检结果进行统计和分析，并与构件信息相关联，最终形成产品的档案信息，实现产品质量信息的可追溯管理。

◆ 装配式建筑施工技术指南

安装工人及质检工程师利用安装有 RFID/二维码阅读器和 WLAN 天线的移动终端与构件的 RFID/二维码标签发生信息交互，实时上报构件的安装、质检节点，并将相关的信息上传至系统，与构件专属 ID 相关联，实现构建信息的动态更新。BIM 系统可以根据工厂和装配现场实时反馈的信息生成形象进度表，形象进度表中不同颜色代表构件处于的不同状态，客观表现实际的施工进度。同时 BIM 系统可以通过施工进度计划与实际施工进度进行实时对比分析，为项目管理者调整项目进度、质量和成本计划提供准确依据，从而实现建造施工计划的实时调整和现场信息的动态管控，并根据施工计划的调整动态管理现场施工。如图 4-9、图 4-10 所示。

图 4-9　施工进度实时监控

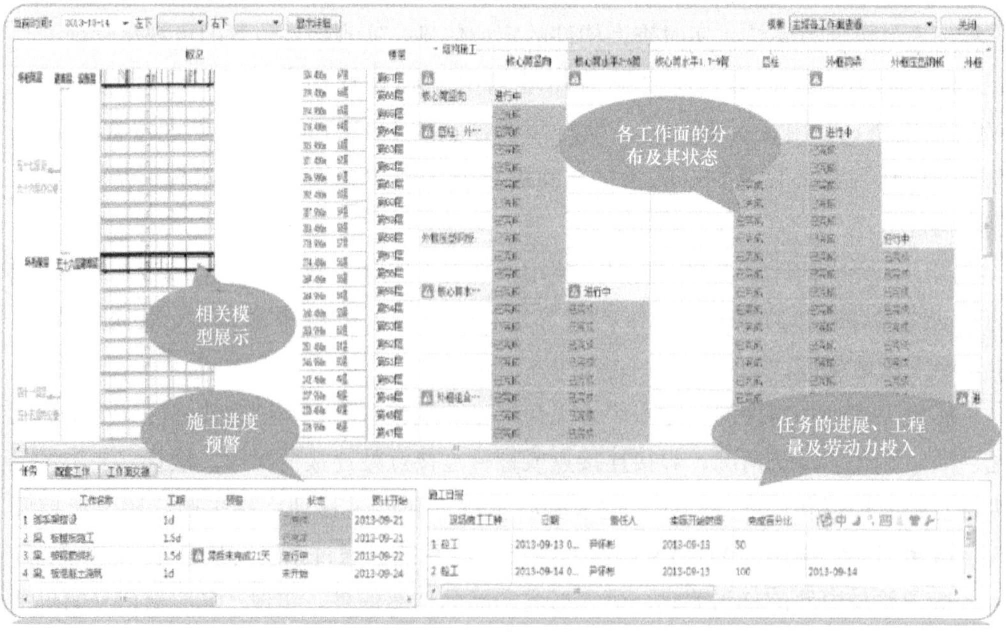

图 4-10　形象进度分析

154

4.4 基于 BIM 的成本控制

4.4.1 技术简介

BIM 的成本控制主要基于 5D BIM 技术。5D BIM 是在 3D 建筑信息模型基础上，融入"时间进度信息"与"成本造价信息"，形成由 3D 模型＋1D 进度＋1D 造价的五维建筑信息模型。5D BIM 集成了工程量信息、工程进度信息、工程造价信息，不仅能统计工程量，还能将建筑构件的 3D 模型与施工进度的各种分解工作（WBS）相链接，动态地模拟施工变化过程，实施进度控制的实时监控。

BIM 技术在处理实际工程成本核算中有着巨大的优势。基于 BIM 可视化模型，利用清单规范和消耗量定额确定成本计划并创建成本管理模型，同时通过计算合同预算成本和集成进度信息，定期进行成本核算、成本分析、三算对比等工作。成本管理的目的是将成本与图形结合，在成本分析文件中提供最直观最形象的可视化建筑模型作为依据，实现图形变化与成本变化的同步，充分利用建筑可视化模型进行成本管理。

4.4.2 进度及成本的关联

工程施工进度与成本之间存在着相互影响、相互制约的关系。加快施工速度，缩短工期，资源的投入就会相应增加，因此应根据项目特点和成本控制需求，编制不同层次（整体工程、单位工程、单项工程、分部分项工程等）、不同周期的成本计划。

利用 BIM 技术进行可视化成本核算能够及时准确地获取各项物资财产实时状态。在 BIM 可视化成本核算中，可以实时的把工程建设过程中所发生的费用按其性质和发生地点，分类归集、汇总、核算，计算出该过程中各项成本费用发生总额并分别计算出每项活动的实际成本和单位成本，并将核算结果与模型同步，并通过可视化图形进行展示。及时准确的成本核算不仅能如实反映承包商施工过程以及经营过程中的各项耗费，也是对承包商成本计划实施情况的检查和控制。从而实现进度与成本的相互关联，达到综合最优的效果。

4.4.3 工程量、成本预算的信息化管理

利用 BIM 模型与算量计价软件深度结合，各建模软件创建的专业 BIM 模型可直接进行算量和计价工作，BIM 模型集成了实体进度的带价工程量信息，系统能识别并自动提取建筑构件的清单类型和工程量等信息，自动计算实体进度建筑构件的资源用量及综合总价。同时满足在平台中查询模型的基本工程量、总包清单量及分包清单量。项目进度管理人员只需简单的操作，就可以按楼层、进度计划、工作面及时间维度查询施工实体的相关工程量及汇总情况。这些数据为物资采购计划、材料准备及领

料提供相应的数据支持。

　　项目管理人员使用快速获取实体进度工程量功能之后，可以实时掌握工程量的计划完工和实际完工情况。同时提高了实体进度工程量和成本支出计算的效率，为工程管理追踪施工材料使用情况以及成本核算提供了数据支持。便于管理人员预备下一阶段的施工材料和运转资金。

　　在 BIM 成本控制中，应建立统一的成本核算项目，将收入清单、生产进度、支出清单与 BIM 模型建立关联，实现了动态的、自动化的、可视的收入、预算成本及实际成本的三算对比。成本管理人员无需进行耗时的人工核算，便可以进行实时的三算可视化对比分析。管理人员就能够较为容易地发现成本管理的问题，进而制定和实施相关的调整与修正措施，提高管理效率和质量。如图 4-11、图 4-12 所示。

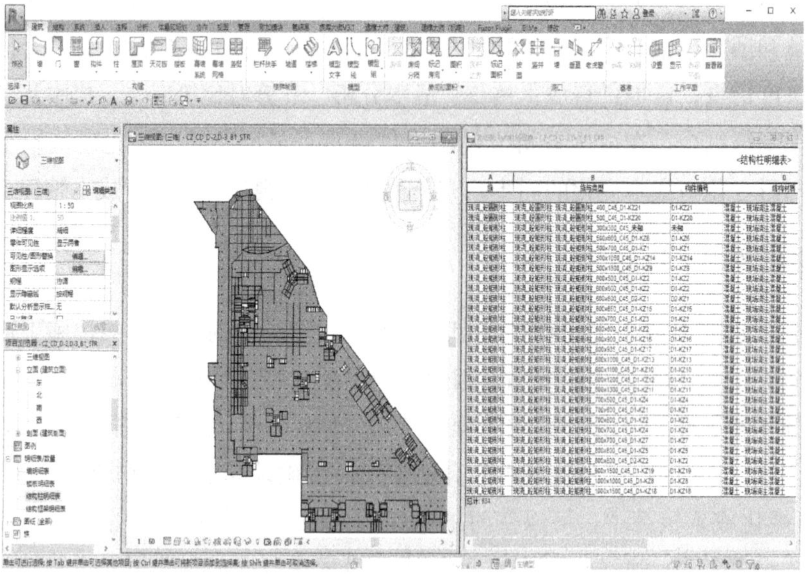

图 4-11　工程量计价

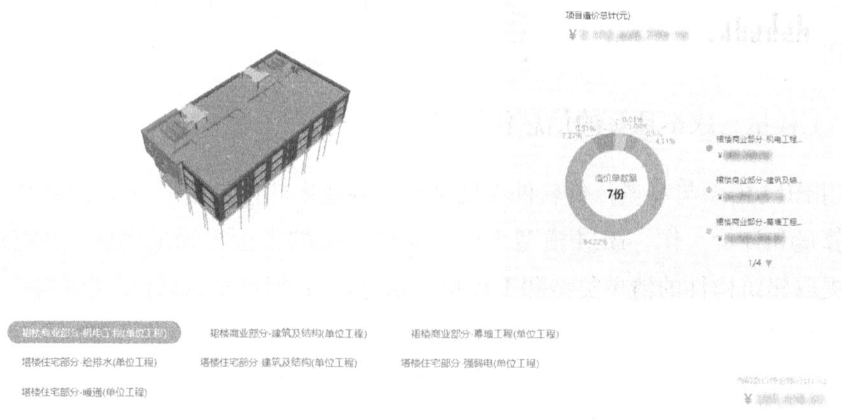

图 4-12　成本控制

总之基于 BIM 的成本控制解决方案，其核心内容是利用 BIM 软件技术、造价软件、项目管理软件、FM 软件，创造出一种适合于中国国情的成本管理整体解决方案。该方案也涵盖了设计概算、施工预算、竣工决算、项目管理、运营管理等所有环节的成本管理模块，构成项目总成本控制体系。

4.5　基于 BIM 的劳务管理

装配式混凝土结构标准化的施工模式对装配式施工队人员的管理提出了很高的要求。劳务管理的 BIM 应用是将劳务管理系统作为 BIM 系统的子系统，是对现场的劳务人员进行信息化管理的 BIM 应用，主要包括：劳务人员名册管理、劳务队伍进退场及在场管理、劳务人员考勤管理、劳务人员工资管理。通过将以上管理信息记录和统计，更为有效地对劳务队伍进行系统化的动态管理。

确立劳务分包单位后，在系统内建立劳务人员名册，包括劳务单位的基本信息（如单位名称、单位类别、资质等级、法人、银行账号、联系人、联系电话、地址）及人员详细信息（如单位名称、人员姓名、年龄、性别、身份证号、工种）。同时根据劳务人员名册的数据，通过自动化集成门禁系统，记录各劳务队历次进场及退场时间、人数及人员详细信息，实现对劳务进退场及在场的动态管理。

劳务人员考勤管理可以用来查询各劳务队人员的出勤及累计工时汇总，通过表格形式和柱图形式直观的展示劳务人员考勤情况。如图 4-13 所示。

应用界面 ——→ 项目在场人员信息 ——→ 劳务公司/工种人员列表 ——→ 人员详细信息

图 4-13　施工现场人员信息查询

通过"劳务实名制应用"系统自动生成在场人员的二维码信息，将二维码芯片安装于安全帽内，并与现场用于接收二维码芯片信息的低频设备实现对接，确定管理人员与工人所在工地区域，同时显示现场人员分布。

　　劳务人员工资管理可以在 BIM 系统里录入或导入各劳务队人员月度工资明细，用以查询和管理各劳务队人员工资情况。如图 4-14、图 4-15 所示。

图 4-14　施工现场人员定位

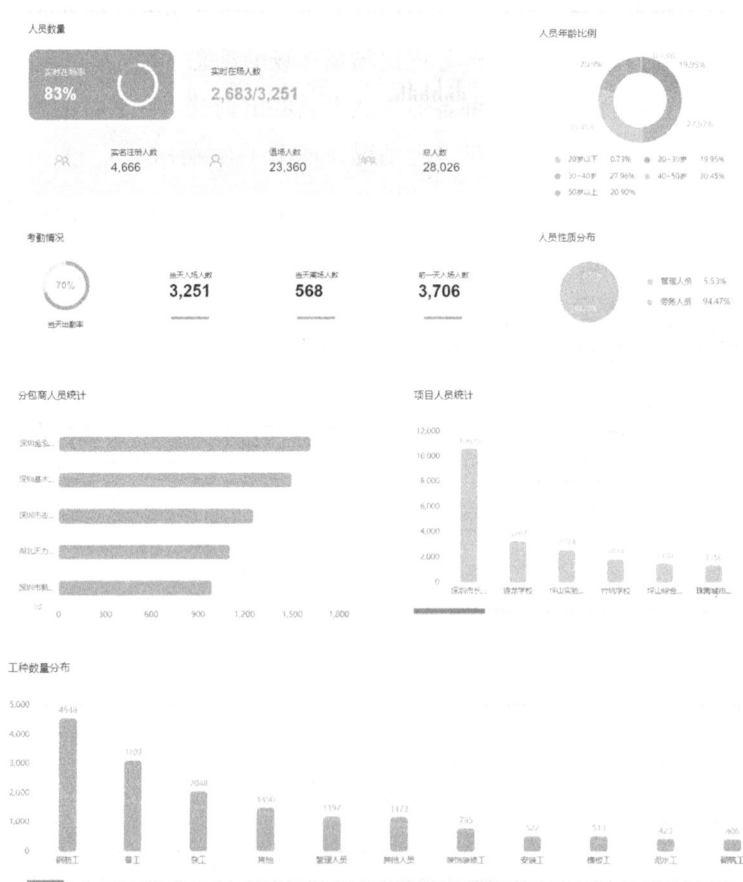

图 4-15　劳务管理

劳务管理是项目管理中的重要组成部分，基于 BIM 技术的劳务管理的基础是建立 5D 建筑信息模型，通过该模型计算、模拟和优化对应于各施工阶段的劳务、材料、设备等用量，从而建立劳动力计划和其他的资源需求，实现精细化的劳务管理。尤其是对于一些参与人员较多的复杂工程，采用基于 BIM 技术的劳务管理可以做到精细化管理，为整个项目的成本、进度控制奠定基础。

4.6　质量安全的信息化管理技术

4.6.1　构件全过程质量信息追溯

全产业链的整合是建设装配式建筑的核心需求，从建筑供应链及装配式建筑生产流程角度分析，预制混凝土结构就是将混凝土结构拆分为众多构件单元（梁、柱、楼板、窗体等），在预制构件工厂加工成型，再由专业物流公司运输至施工现场，施工现场进行构件的吊装、支撑及安装，最后由各个独立的构件装配形成的整体式装配式结构。预制构件作为最核心的元素贯穿于整条装配式建筑建设供应链中，而实现对整个装配式建筑全产业链的质量管理和优化根本在于实现对构件全寿命周期的质量管理和优化。因此为保证装配式建筑建造过程的顺利进行，需要保证各阶段构件质量状态的数据及时采集、共享和分析。

基于信息化的构件全过程质量管理宜结合各阶段的实际情况和工作计划，对相应的质量控制点进行动态管理，并通过手持移动端及物联网等技术将现场质量管理信息实时传递给 BIM 模型，实现质量信息的实时采集、移动可视化管控及过程追溯。

装配式建筑材料采购、构件生产、装配施工全过程的质量管理可包括以下内容：

（1）混凝土原材料（水泥、砂、石、外加剂、水）、钢筋、套筒灌浆连结等钢筋连接及锚固产品、预留钢筋盒等预制构件连接产品、夹心保温连接件、接缝密封胶等混凝土部品防护与接缝处理产品、外围护墙产品及连接固定件、隔墙板产品及连接固定件、界面剂产品、用于吊装及临时支撑所需的套管预埋件、预埋管线及其配件等、门窗部品及其配件等质量管理。

（2）预制构件加工、堆放、运输过程的质量控制管理，如生产过程中的钢筋绑扎、模板组装、混凝土浇筑、构件蒸养、构件堆放、构件运输等质量管理。质量管理人员宜通过移动终端和 RFID／二维码技术对预制构件生产的每道工序进行质量检验信息的实时采集，采集信息主要包括：模具安装检验信息、钢筋安装检验信息、预埋件安装等隐蔽工程检验信息、构件蒸养温度和湿度检验信息、构件脱模强度及混凝土质量等检验信息。检验过程中质量检验信息会自动上传至 BIM 系统与 BIM 模型里的构件信息相关联。可通过移动终端拍照并将影像技术文件自动上传，与

BIM模型里的构件信息相关联，最终形成产品的档案信息，实现产品质量信息可追溯管理。

（3）结构关键部位施工质量控制管理，如预制构件的连接、预制构件与现浇混凝土结合界面、各类密封防水材料的施工质量缺陷评估及控制管理等。

同时基于BIM的构件质量全过程管理系统宜与政府相关部门的质监管理平台相关联，从而实现质量监管部门对构件质量信息的实时监控。如图4-16所示。

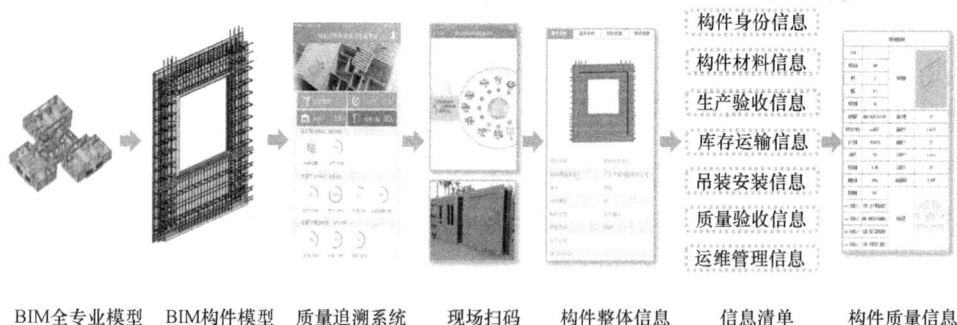

BIM全专业模型　BIM构件模型　质量追溯系统　　现场扫码　构件整体信息　　信息清单　　构件质量信息

图 4-16　二维码追溯体系

4.6.2　施工安全信息化管理技术

传统管理模式下针对大型设备的管理监控一直存在盲区，管控不到位等问题，塔式起重机、施工升降机的监控问题尤为突出。为有效解决现场对大型设备无法监管或监控不到位等常见痛点，宜采用基于BIM的装配式建筑施工安全信息化管理平台，积极引入大型设备安全监控系统监控平台，通过实时查看运行记录、历史运行机理、设备告警查询及设备饼状图等方式实现了对大型设备安全监管的精细化管理。

基于BIM的安全信息化管理是对施工现场重要生产要素进行可视化模拟及监控，通过对危险源的辨识和动态管理，加强安全策划工作，减少和消除施工过程中的不安全行为和状态，确保工程项目的效益目标得以实现。如图4-17、图4-18所示。

基于BIM的可视化安全管理中，可以通过RFID/二维码技术、WSN（无线传感器网络）技术获取相应现场安全监控及预警的实时位置信息、对象属性信息以及环境信息，有效跟踪施工现场的工人、材料、机械设备等，并在安全监控系统中反映出三维位置信息，监控建筑现场的施工过程。同时现场的各种用电设备如塔式起重机、电梯等运行状态信息可以直观且实时地显示在安全管理系统中。

在现场安全危险区域设置与BIM系统关联的感应器，当人、施工机械进入了安全危险区域或者模板支撑体系、脚手架出现了安全隐患可以立即发现，并在安全预警系统中发出预警信号，及时通知现场管理者采取应对措施，有效地降低安全事故发生的可能性。

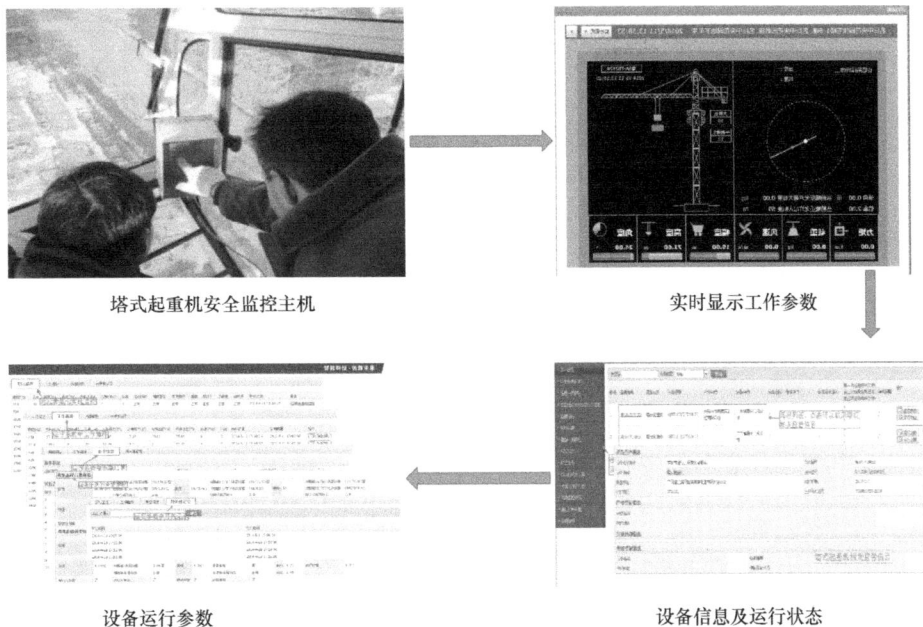

塔式起重机安全监控主机

实时显示工作参数

设备运行参数

设备信息及运行状态

图 4-17　塔式起重机安全监控管理系统

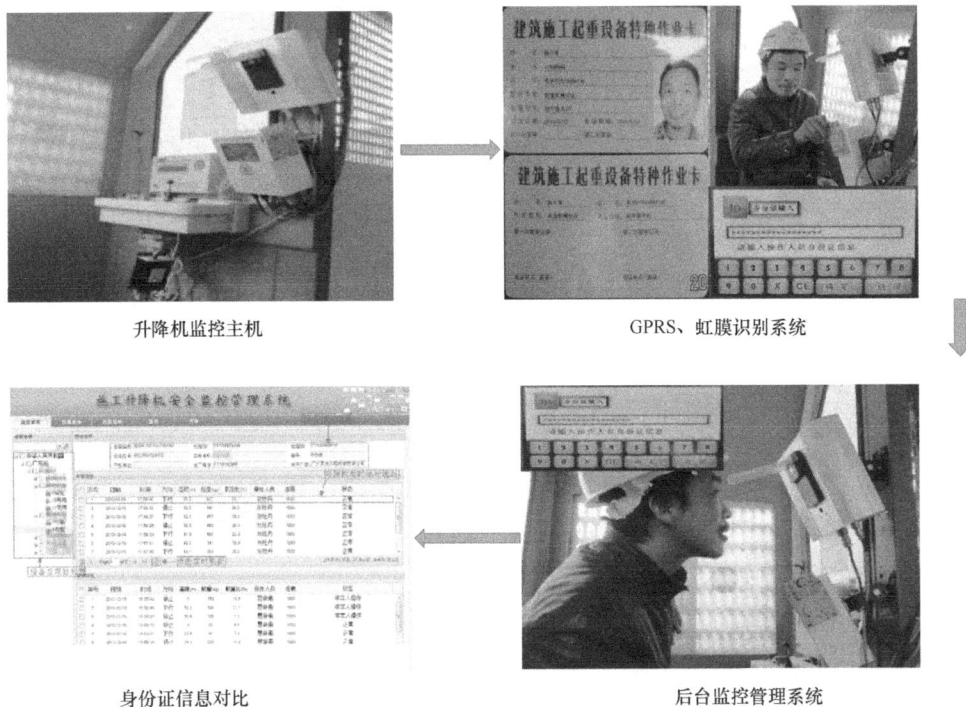

升降机监控主机

GPRS、虹膜识别系统

身份证信息对比

后台监控管理系统

图 4-18　施工升降机安全监控管理系统